插图本地球生命史丛书

BEFORE LIFE

地球
演化史

The Diagram Group　著

胡煜成　译

上海科学技术文献出版社
Shanghai Scientific and Technological Literature Press

图书在版编目（CIP）数据

地球演化史 / 美国迪亚格雷集团著；胡煜成译． —上海：
上海科学技术文献出版社，2022
　　（插图本地球生命史丛书）
　　ISBN 978-7-5439-8507-0

　　Ⅰ．① 地…　Ⅱ．①美…②胡…　Ⅲ．①地球演化—普及
读物　Ⅳ．① Q311-49

中国版本图书馆 CIP 数据核字 (2022) 第 015121 号

Life On Earth: Before Life

图字：09-2021-1012

选题策划：张　树
责任编辑：黄婉清
封面设计：留白文化

地球演化史
DIQIU YANHUASHI
The Diagram Group　著　胡煜成　译
出版发行：上海科学技术文献出版社
地　　址：上海市长乐路 746 号
邮政编码：200040
经　　销：全国新华书店
印　　刷：商务印书馆上海印刷有限公司
开　　本：650mm×900mm　1/16
印　　张：10
版　　次：2022 年 4 月第 1 版　2022 年 4 月第 1 次印刷
书　　号：ISBN 978-7-5439-8507-0
定　　价：68.00 元
http://www.sstlp.com

总序

　　"插图本地球生命史"丛书是一套简明的、附插图的科学指南。它介绍了地球上的生命最早是如何出现的，又是怎样发展和分化成如今阵容庞大的动植物王国的。这个过程经历了千百万年，地球也拥有了为数众多的生命形式。在这段漫长而复杂的发展历史中，我们不可能覆盖所有的细节，因此，这套丛书将这些内容清晰地划分为不同的阶段和主题，让读者能够循序渐进地获得一个整体印象。

　　丛书囊括了所有的生命形式，从细菌、海藻到树木和哺乳动物，重点指出那些幸存下来的物种对环境的适应与其具有无限可变性的应对策略。它介绍了不同的生存环境，这些环境的变化以及居住在其中的生物群落的演化过程。丛书中的每一个章节都分别描述了根据分类法划分的这些生物族群的特性、各种地貌以及地球这颗行星的特征。

　　"插图本地球生命史"丛书由自然历史学科的专家所著，并且通过工笔画、图表等方式进行了详尽诠释。这套丛书将为读者今后学习自然科学提供必要的核心基础知识。

目录

这一部分中,我们介绍了地球的形成和演化,地球上发生的有趣现象,以及地球上的生命过去和现在的样子。我们按以下七个章节讲述:

第1章为宇宙起源,介绍了科学家对宇宙形成的种种理论和看法,以及目前所掌握的关于宇宙形成的证据。

第2章为宇宙构成,介绍了星系、恒星以及其他宇宙天体的演化过程。

第3章为我们的太阳系。在本章,我们可以进一步了解我们所在的太阳系,包括太阳系的形成及结构、行星及其卫星、小行星和彗星。

第4章为地球,介绍了地球作为行星的运行、地球的卫星月球以及地球上的化学构成。

第5章为地质构造,告诉我们地球的大陆和海洋是如何形成的,这种驱动力来自地球的内营力。

第6章为岩石,介绍了组成地壳的各类型岩石的构成。

第7章为侵蚀过程及其他地质进程,告诉我们岩石是如何在外力的作用下受到磨损或分裂的,这有助于我们理解今天所看到的地文景观。这一章还介绍了潮汐、洋流和气候变化的知识。在这一章的最后,介绍了地球上的早期生命。

第1章

宇宙起源

宇宙的诞生

最初，人们认为宇宙是由神明创造出来的。这种神创论的思想曾经非常普遍，因为当时的科技力量还不够强大，人们根本说不清楚为什么世界会是这个样子的，所以只好认为一切都是由全能的神明创造的。直到今天，神创论的思想仍然存在。在一些宗教中，这种思想仍被坚信着，有些人现在还迷信宇宙是由神明创造的。

科学家从来不迷信，他们相信的是理性的观点。科学家的做法通常是这样的：首先对自然现象进行观察和分析，在这个基础上提出假设和猜想，之后再去寻找实验中得到的数据和证据来证明他们的观点。

在科学研究中最重要的一点是，科学家在整个研究过程中应该不带有任何偏见地去分析和推理，努力不让结果受到任何信条或看法的影响。

世界上大多数宗教都有自己关于宇宙起源的故事。所有这些故事都用神创论来解释宇宙的诞生，它们的共同点是认为宇宙万物是被某种神明的力量创造出来的。

科学家喜欢收集证据,他们可以用这些证据来检验他们的观点是否正确,接着他们可以对猜想和假设进行相应的调整。科学研究是一个不断完善的过程,在这个过程中,科学家会保持开放的头脑,随时准备去修正自己的观点,不懈地接近真理。科学家正是用这样的方法去研究宇宙的起源和本质问题,系统地提出理论并且不断进行修正。

观察 » 分析 » 猜想 » 实验 » 结果 » 理论

科学结论

在20世纪20年代,天文学家维斯托·斯里弗和埃德温·哈勃的重要发现引发了一个重大猜想:整个宇宙由时间和空间中的一个点膨胀而来。从这时起,科学家开始提出一系列假说,希望能用这些假说解释清楚

1920年,美国天文学家维斯托·斯里弗发现来自遥远星系的光波会发生变形。由此,他提出宇宙在膨胀的猜想。1923年,埃德温·哈勃认为,宇宙可以被看做是一个不断充气的气球。

"大爆炸"时间表（单位：秒）

10^{13}
宇宙变得清晰

10^{17}
生命出现

10^{18}
人类出现

10^{-35}
宇宙如豌豆
一样大

氢核和氦核
形成10^2

10^{-2}
宇宙如太阳一样大

"放烟花"
大爆炸理论下的宇宙就像
夜空中燃放的烟花，恒星像
火花一样向各个方向散开。

宇宙的起源，这便是现代宇宙学的开端。1927年，比利时天体物理学家乔治·勒梅特提出"大爆炸理论"，认为宇宙最初是一个密度极高的物质球，很久以前发生过一次巨大的爆炸，这次爆炸就是宇宙的肇始。

1948年，三位英国天文学家赫尔曼·邦迪、托马斯·戈尔德和弗雷德·霍伊尔提出了"稳态理论"。稳态理论与大爆炸理论完全不同。

宇宙
它是如此广阔，广阔得可能没有边界；它
是如此神秘，神秘得不可能被理解。它为
什么会存在？它究竟怎样存在？

这一理论认为,宇宙中的物质在不断地创生着,创生出来的物质刚好填补了由于星系间的膨胀所带来的空缺。在稳态理论中,宇宙可以不需要有开始或结束,但宇宙必须是无限大的。然而在此之前,最初科学家认为的是,如果宇宙没有边界地大下去,那么恒星的数目也会无限地大下去。这就是说,无论站在宇宙中的哪一点,我们都可以看到无

大爆炸理论

根据这一理论,宇宙中的时间、能量、物质全部来自150亿年前的一场超级大爆炸。

宇宙永远膨胀下去

时间 空间

时间

宇宙往复地膨胀和收缩

5

数个恒星发出的光,所以我们看到的宇宙应该全部是白色的,没有任何黑色的地方。而在1929年,埃德温·哈勃推导出"哈勃定律"。这条定律告诉我们,我们是无法看到距离地球超过100亿光年的星系的,这是因为那里的恒星以超过光速的速度在膨胀,它们发出来的光永远也到不了地球。哈勃定律证明,宇宙只有一部分是可以看到的,而另一部分是不能被看到的。因此,宇宙可能是有限的,也可能是无限的。

知　识　窗

　　大爆炸理论和稳态理论曾经都很流行。1964年,美国物理学家罗伯特·迪克预言宇宙中存在着"宇宙微波背景辐射"。这一预言如果得到证实,将会是大爆炸理论的一个有力证据。美国天文学家阿诺·彭齐亚斯和罗伯特·威尔逊在1965年证实了这一猜想。从这以后,稳态理论便不再流行了。迪克后来提出了一种折中的观点,叫做循环演化理论。这种理论认为,宇宙在周而复始地膨胀和收缩,一次膨胀和收缩的时间周期大约为450亿年。

科学依据

　　来自遥远星系的光波会发生变形,这种现象叫做红移。让我们想象一束白光来自太阳,这束光会以光速到达地球。可是,如果这宇宙起源的理论需要有科学的依据。例如，我们发现来自遥远星系的光波会变形，这表明我们的宇宙正在膨胀。

约翰·克里斯蒂安·多普勒

埃德温·哈勃

星系　　　　射向地球的光　地球

多普勒效应

如果星系向着地球运动，光线被压缩，产生蓝色光。

如果星系远离地球运动，光线被拉伸，产生红色光。

多普勒效应
当白色光波的光源向远离地球的方向运动时，在地球上看到的光波会偏红，这是多普勒效应的一种表现。

束光来自一个正离我们远去的星系，当它到达地球时，光波会被拉长，此时这束光看起来就像是向光谱的红端偏移了，也就是说它变红了。相反，如果光源星系正向我们靠近，这束光就会向光谱蓝端偏移（蓝移现象），因为光波被压短了。上述现象被称为多普勒效应，它是由奥地利物理学家约翰·克里斯蒂安·多普勒在1842年发现的。只不过，他当时研究的是声音，而不是光。

在红移现象的帮助下，埃德温·哈勃发现了星系到地球的距离和星系远离地球的速度之间的关系，并推导出了哈勃定律，这条定律中出现的常数被称为哈勃常数。有了这条定律，科学家们就可以比较星系间的红移量，并以此来估算宇宙的年龄和大小。然而，要使用哈勃常数，我们就必须假定宇宙膨胀的速度是不会减慢的。这

1964年，罗伯特·迪克提出的"微波背景辐射"被证实后，成为大爆炸理论的有力论据。微波背景辐射是"宇宙微波背景辐射"的简称，这是一种很微弱的电磁场辐射，它在整个天空中均匀分布，在各个方向上都能被接收到，科学家认为它是当年那场大爆炸留下来的证据。大爆炸之后，微波背景辐射充满了整个宇宙，随着宇宙的膨胀，微波背景辐射的波长也跟着变长，现在的波长大约为1毫米。

1毫米

微波

与循环演化理论是矛盾的,因为后者认为宇宙的膨胀和收缩是交替着进行的。事实上,最近的证据表明,目前看来宇宙的膨胀速度确实是越来越快,宇宙中的物质也变得越来越杂乱无章。

光的色散

玻璃三棱镜

光线

各种不同颜色的光组合成的白光光束通过三棱镜,光就能被分离开来。

光的色散

白色光通过三棱镜,光线发生了偏折,各种颜色的光被分离出来,形成了一列光谱。

哈勃时间

根据渐缓的膨胀速度测定的宇宙年龄。

B

离地球的距离

哈勃根据恒定膨胀速度测定的宇宙年龄。

A

200亿年前   130亿—150亿年前   2003

哈勃时间

埃德温·哈勃通过计算,估测出宇宙的年龄大约有200亿岁了。

第2章

宇宙构成

宇宙的结构

按照形状分类,星系可分为三种基本类型:椭圆星系、旋涡星系和棒旋星系。星系通常非常巨大,包含了大群大群的恒星,这些恒星围绕着星系的中心旋转。在旋转的作用下,椭圆星系会从中心甩出一些"手臂"出来,这就形成了旋涡星系和棒旋星系。那些介于旋涡星系和椭圆星系之间的星系,看起来中间厚四周薄,叫做透镜状星系。我们所在的星系叫做银河系,它属于旋涡星系,包含1 000亿个恒星。银河系的直径约为10万光年,厚度约为2万光年。我们的太阳距离银河系中心大约3万光年,太阳环绕银河系的中心运动,运行一周大约需要2.2亿年。

如今,大多数科学家相信宇宙是有界的,尽管如此,宇宙还是大得令人难以置信。宇宙中含有成千上万个星系,星系与星系的距离还在不断增加。有一些星系是单独的,而更多的星系则和其他数以千计的星系聚在一起。

星系分类

椭圆星系　　　旋涡星系　　　棒旋星系

星系分类
通常,星系的形状由星系的旋转情况决定。

银河系

银晕

银盘   银核

10万光年

40万光年以上

银河系（右图）

我们所在的星系叫做银河系。
当我们通过望远镜观察它时，
我们可以看到数以百万计的恒
星，它们聚集在一起，就像一团
白云一样。

我们在这儿

我们所在的星系

银河系里有数不清的恒星系，地球所在的太阳系只是其中很普通的一员。

宇宙是有界的吗？宇宙是无界的吗？为了解释宇宙的奥妙，人们提出了各种各样的猜想。一部分人倾向于认为时间和空间没有起点也没有终点，另一部分则认为时间和空间应该开始于某一点。然而，无论通过哪一种观点去理解宇宙，都是非常困难的，都是对人类思维和逻辑能力的极限挑战。

现在，让我们来感受一下银河系有多么大：离太阳最近的恒星是一颗叫做比邻星的红矮星，它与太阳的距离为4.244光年。1光年就是光在一年的时间里传播的距离，大约为9.46×10^{12}千米。比邻星离我们有4×10^{13}千米远。然而这么远的距离放在宇宙中却小到可以忽略不计，因为宇宙的直径至少是100亿光年，这相当于9.46×10^{22}千米。

恒星的一生

恒星漫长的一生开始于星云，星云是由星际气体和星际尘埃组成的云状物质。星云最初非常稀薄，慢慢地，星云里的物质聚集成一个旋转着的球体。一方面球体由于旋转而产生离心力，另一方面恒星形成的有关因素有旋转、离心力和向心力。

离心力

向心力

方向相反的两个力
离心力和向心力相互平衡,让物体能够稳定地转动。

太阳系的形成

1 致密中心

2 吸积盘

3 外流

4 行星

太阳系的形成
旋转和万有引力提供了离心力和向心力,为太阳系的产生创造了条件。

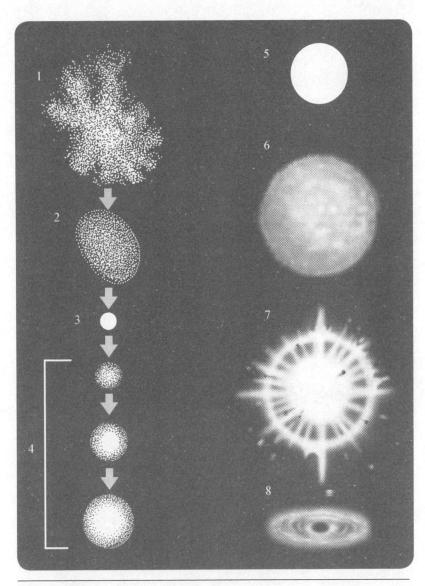

恒星的生命周期
1. 诞生 2. 星云的收缩 3. 主序前星开始发光 4. 恒星膨胀 5. 红巨星 6. 红超巨星 7. 超新星 8. 脉冲星

球体里的物质具有万有引力。在这两个力的共同作用下，球体能够保持一个稳定的旋转状态，这个状态与恒星的物质总和有关，也与恒星的转动快慢有关。如果恒星的质量足够大，在万有引力的作用下，原子与原子间会受到巨大挤压力。当原子承受不住这个压力时，会激烈碰撞并且塌陷，发生核反应，像太阳一样释放出大量辐射。

对于一个旋转着的物体，离心力是使物体远离旋转中心的力；向心力则相反，它是使物体靠近旋转中心的力。物体的转动会产生离心力，但不会产生向心力。为了维持转动，需要通过别的方式来提供向心力。对于天体，向心力是由万有引力提供的；正如对于牛仔手中的绳套，向心力是牛仔的手对绳子的拉力。

我们把太阳的质量定为一个标准单位，叫做"一个太阳质量"。有些恒星的质量相当于几百个太阳质量，也有一些恒星的质量小于一个太阳质量。太阳和与其类似的恒星属于矮星，太阳是矮星中的黄矮星，此外的其他恒星则可被归于超巨星、巨星、亚巨星或亚矮星等。

恒星的质量和密度不仅决定了恒星的大小和亮度，还决定了恒星的"寿命"。恒星上发生的核反应叫做核聚变，它的作用是把恒星中的氢转变成氦，同时释放出大量能量。当有一天，能量耗尽了，恒星也就熄灭了。

世界真奇妙

在恒星的能量耗尽后，它们通常会变成中子星。中子星的密度极大，产生的引力也极大。那些质量很大的中子星能够把光线都吸引过去，这就形成了神奇的黑洞。这些黑洞像星系里的一张大口，不断吞噬着它周围的天体。

恒星的死亡

恒星最终耗尽了燃料而不再稳定，走向了坍缩。

恒星发出的光线向各个方向射出。

随着恒星的收缩，靠近恒星表面的光线被引力拉了回来。

恒星的吸引力更加强大，只有从特殊角度发射的光线才能逃逸出来。其余角度发射的光线还没发出，就被恒星吸收了。

恒星进一步收缩，所有光线都被吸引回去。

最后，恒星发不出任何光线，奇妙的黑洞便诞生了。

天体

在我们的宇宙中存在着一场力与力的战斗。战斗的一方是万有引力，它试图把所有的物质都吸引到一点；战斗的另一方是原子间和分子间的排斥力，它极力阻碍原子或分子彼此靠得太近。战斗导致的后果是宇宙中的物质聚集成一个个的球，在球的旋转过程中，战斗仍然在继续。万有引力成了旋转的向心力，而粒子间的排斥力则成为离心力的一部分。正是在这场战斗的作用下，星云变戏法一样成为一系列旋转的天体，这些天体包括恒星、行星、卫星和彗星。

恒星是一个非常大的气态球，主要成分是氢和氦。恒星中的氢不断地转化为氦，在转化过程中产生大量的能量，这些能量以电磁辐射的形式释放出来，这便是恒星发出来的光和热。

行星通常是一个固态球体，不过有一些行星的表面被气态或液态物质包围着。行星围绕着恒星转动。卫星和行星类似，但卫星围绕着行星转动，而且卫星上的液态和气态物质一般要比行星上少。

彗星主要是由冰和尘埃组成。当彗星的轨道靠近恒星时，在恒星太阳风的作用下，彗星的表面会蒸发，产生很多小碎片，这些碎片在远离恒星的方向上形成一条长长的尾巴。太阳系中还散布着很多小行星和流星体，流星体是一些形状不规则的矿物质。一些流星体闯入地球的大气层，就成了我们看到的流星，流星落在地上的残留物就成了陨星。

由近地小行星追踪计划发现的彗星
彗星疾驶在宇宙中，它是由冰块和碎片组成的球。

沙漏星云（上图）
这个美丽的星云看起来像是两个球相交在一起。

射手座星云
星云是物质形成的一个不规则的云团。

科学家大都认为，行星和卫星是在恒星诞生的同时形成的，这就是"星云假说"。在星云旋转的过程中，由于固态物质和气态物质密度的不同，星云中的固态物质聚集成团，围绕着星云中心的气态球转动。随着时间的推移，固态团不断碰撞和演变，有了稳定的轨道，这就形成了行星和卫星。在漫长的岁月里，天体间发生过很多次碰撞，小行星和流星体就是在碰撞中产生的，因此它们都有自己的运行轨道。

第 3 章

我们的
太阳系

太阳

太阳的直径为140万千米,其中心温度高达$1.5 \times 10^7℃$,表面的温度也在5 500℃左右。

太阳的能量来自核聚变,在这一过程中,氢转化成氦。这个反应最初需要恒星内部的高温来催发,这种高温来自引力对恒星内部的压力,一旦反应开始,它就会自己进行下去。太阳已经燃烧了差不多47亿年,但太阳上仍然有着充足的燃料。构成太

太阳是一颗黄矮星,或称G型主序星。

太阳的形成

引力把气体都聚集在一起,形成太阳。

太阳内部的高温产生巨大的、可平衡引力的阻力。

太阳是如何形成的

在引力作用下,太阳内部产生了巨大的压力,这个压力促成了太阳的核聚变反应。

太阳的内部

辐射层

核心

对流层

光球层

太阳的结构
从外到内依次为：光球层、对流层、辐射层和核心。

阳的成分中，70%是氢，29%是氦，剩下的1%主要是氧和碳。

如果把太阳剖开，我们能够看到太阳从内到外可以分为六层。最中心的部分叫做核心，核聚变就是在那里进行的。核心外面包围着一层厚厚的辐射层，辐射层再往外是薄一些的对流层，对流层里的物质在不断地流动。

对流层外有两层很薄的大气层，较里一层叫做光球层，太阳的光就是光球层发出的；较外一层叫做色球层，使太阳呈现出黄色，色球层的温度自外向内降低。太阳最外面还有一层日冕，日冕可以看做太阳的外大气层。日冕里面主要是太阳以电磁辐射形式释放的能量，含有大量的X射线。日冕的形状会发生周期性改变，但在地球上，用肉眼是看不到的，除非发生了日全食。

日珥

太阳表面经常有壮观的能量大
爆发，这就是日珥。

太阳的电磁辐射种类占据了很广的一段光谱。在电磁
波谱中，伽马射线波长最短，X射线次之，再依次是紫外线、
可见光、红外线和无线电波。

地球的大气层能够阻挡大部分的有害辐射。

太阳系

太阳系里一共有八大行星，按照离太阳的距离，从近到远依次是水星、金星、地球、火星、木星、土星、天王星、海王星。

合适的条件下，地球上可以用肉眼看见的行星有水星、金星、火星、木星和土星。因此，早在古

简单说来，太阳系就是太阳以及那些围绕着太阳转动的天体。宇宙中像太阳系这样的恒星系还有几万、几亿个。

威廉·赫歇尔
赫歇尔是最早认识到宇宙浩瀚广阔的科学家之一。

太阳系的八大行星

水星

金星

地球

火星

木星

土星

天王星

海王星

代，人们就已经发现了这些行星。另外三个行星离我们太远，直到人们发明并改良了望远镜，才通过望远镜的帮助发现了它们。天王星是英国天文学家威廉·赫歇尔在1781年发现的。1800年，法国人拉朗德其实就已经观察到了海王星；但直到1846年，德国天文学家伽勒才让海王星正式成为太阳系行星家族中的一员。

除了水星和金星,太阳系的行星都有自己的卫星。在火星和土星之间存在着一个小行星带,那里有成千上万个大小不一的小行星,它们也围绕着太阳转动。有一些小行星的运行轨道是椭圆形的,运行轨道最扁长的要属彗星。

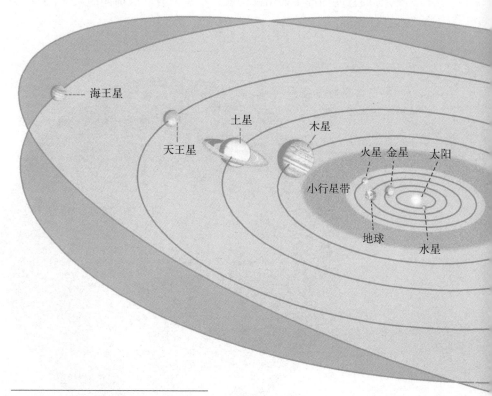

海王星

天王星

土星

木星

火星 金星 太阳

小行星带

地球

水星

我们的太阳系
包括地球在内,太阳系一共有八大行星。

27

行星

水星——第一个行星

水星的英语名Mercury，命名自古罗马神话中掌管通信的神。在夜空中，可以偶尔看到水星在闪烁。水星外层是由硅酸盐岩石构成的硬壳，而它的内部主要由铁构成。水星上有一层稀薄的大气，主要成分是氩和氦。

我们按照行星离太阳的距离将它们从一到八排序。

金星——第二个行星

　　金星的英语名Venus是以古罗马神话中爱神的名字命名的,它在晴朗的夜空中明亮地闪耀。它的大气层中含有大量的二氧化碳,这些高浓度的二氧化碳能大量吸收太阳辐射,金星上的大气压是地球的90倍。金星表面的温度也很高,能够达到480℃。

火星——第四个行星

火星的英语名Mars命名自古罗马神话中的战神。之所以这么称呼它,是因为火星看起来像一团红色的火焰,这是由于火星的地壳中含有大量的铁氧化物。长期以来,人们认为,八大行星中,火星上最可能有生命的存在,因为火星上有水,只是这些水都结成了大冰块。火星上的大气也同时含有氧气和二氧化碳,不过它们非常稀薄。火星上的大气压还不到地球的1%。人类很有可能在21世纪登上火星。

木星——第五个行星

木星的英语名Jupiter命名自古罗马神话中神格最高的神朱庇特,木星本身也非常巨大,而且它还有很多卫星。木星有时可以在地球上看得非常清楚。公元4世纪，一位中国天文学家甚至用肉眼观察到了木星周围的大卫星。氢和氦的混合气体构成了木星的大气层，木星的大气活动非常剧烈。在木星的大气层下面，是液态的氢形成的海洋。

我们想象一个人绕着地球匀速慢跑，他的速度是9千米/时。照此速度，他需要173天才能绕地球一周；而如果他在木星这个太阳系最大的行星上跑的话，五年时间都未必能跑完。

土星——第六个行星

土星的英语名Saturn命名自古罗马神话中掌管农业的神,他是朱庇特的父亲。土星几乎完全由氢构成,是八大行星里唯一一个密度比水小的行星。土星周围有一个很漂亮的环。1610年,意大利科学家伽利略通过望远镜观察到土星,他是第一个发现土星环状结构的人。

在地球上,可以用肉眼看到土星,但天王星、海王星则需要借助于望远镜才能看到。

天王星——第七个行星

天王星的英语名Uranus来自古希腊神话中第一个主宰宇宙的神。在1781年天王星被发现时，人们认为这就是太阳系最外端的行星了，所以给它取了一个这样的名字。很多年来，天王星被误认为是一颗恒星，直到威廉·赫歇尔通过望远镜发现天王星只不过是在反射太阳光而已。

地球环绕太阳一周的时间为365天，这就是地球的公转周期。

海王星——第八个行星

海王星的英语名Neptune命名自古罗马神话中的海神，这是因为海王星表面为蓝绿色，让人联想到海洋。人们首先根据计算预测出海王星的位置，然后才根据预测发现了海王星。当海王星和天王星运行得很近时，海王星的引力会对天王星产生干扰。人们正是依此计算出了海王星的位置。

行星们自转的速度各自不同。比如地球，它自转一周的时间为23小时56分。

第4章

地 球

地球

地球围绕着太阳转动，叫做公转。地球公转时，与太阳的平均距离为1.496亿千米，公转轨道的直径是12 742千米，周长约4万千米。地球公转一周的时间为365.333天，我们称这一周期为恒星年。它和日历上的年有一点不同，每隔四年我们便在日历上多加一天，因此有时一年会有366天，称为闰年。地球还会绕着它的一根轴转动，即自转，地球自转一周的时间为一天。

地球是距离太阳第三近的行星。按照大小排列，八大行星中，地球排在第五位。

地球
在目前我们知道的星球里，地球是唯一一个适合生命居住的星球。

地球的赤道面和公转的轨道平面（黄道面）之间有23°26′的夹角（即黄赤交角）。由于这个夹角的作用，夏至到冬至之间的六个月，地球相对于太阳的倾斜角度共改变46°52′（2×23°26′）。这个倾斜角度很重要，因为阳光在到达地面之前需要先穿过一定厚度的大气层，大气会损耗阳光携带的能量，所以倾斜角度的变化带来了地球上的四季交替。这个倾斜角度也让地球的两极能够得到阳光的照耀。在一年中，南极和北极分别能享受六个月的温暖阳光。

地球最为与众不同的地方在于，它是生命的摇篮。在宇宙中，我们目前只知道地球上有生命。生命的存在需要很多条件，只有地球同时具备这些条件。其中最重要的是地球与太阳之间的距离适宜，这个距离使得地球表面的温度恰好在水的熔点附近轻微变动。地球上的最低温度为−50℃，最高温度为76℃，平均温度为13℃，正适合生命存活。

太阳光
阳光到达地面前要经过大气层，当阳光垂直照射时，它在大气层中通过的距离最短。

夏至

冬至

公转轨道

地球在夏至日朝向太阳倾斜23°26′,六个月后,在冬至日背向太阳倾斜23°26′。

月球

月球的体积只有地球的1/5,它在距离地球384 402千米的地方

38

围绕地球公转，公转的周期为29.53天，我们称其为朔望月。月球也进行着自转，它自转的速度和公转的速度完全一样，因此在地球上观察，月球似乎并不转动。它总是用它的一面对着我们，让我们无法看到它的另一面，我们称无法看到的一面为月之暗面，不过这个所谓的暗面接收的阳光实际上并不比亮面少。

月球是地球唯一的天然卫星。

月食和日食
当太阳光被挡住时，就会发生月食或日食。

除了太阳，天空中就数月球最亮了。但其实月球并不会发光，它只是反射太阳光，这一点月球跟太阳系里的其他行星和卫星一样。我们看到的月球的样子与月球和太阳的相对位置有关，因此随着月球的公转，月球会出现阴晴圆缺的变化。

月球的圆缺变化叫做月相。月亮从新月（全黑）开始到满月（全亮），然后再到新月，这便是月相的一个周期。在一些时候，月球上黑暗的部分也能够被看到，这是因为地球也能反射太阳光，这种现象叫做地球反照。

冷海

雨海

澄海

开普勒
撞击坑

哥白尼
撞击坑

凤暴洋

汽海

危海

静海

丰富海

云海

酒海

湿海

月球的表面（上图）
月球上几乎没有大气，可以很清晰地看到它的表面。

亮面和暗面（右图）
当光线从侧面照射月球时，月球的球形轮廓就会显露出来。

月球是一个固态星球,主要由岩浆岩构成,含有硅以及铁、铝、钙、钛和镁等金属氧化物。月球表面的大气非常稀薄,跟真空差不了多少,因此月球上一点风都没有,月球上的环形山也得以保存几百万年之久,那都是月球遭受陨星撞击的痕迹。月球表面的温度最低为-170℃,最高为110℃,月球的两极有冰的存在。

一个朔望月

月亮围绕地球旋转一周的时间为29.53天。

地球的核式结构

地球的内部可以分为不同的层,最里面的一层叫做内地核,它由固态的铁和镍构成。

内地核是一个固态球体,它的半径大约为1 400千米,地球的磁场就是那里产生的。人们研究了一些岩石的磁性,发现有些岩层的磁性与其他岩层的磁性相反,因此人们推测地核某些情况下会在地球内转动。内地核的外面包围着外地核,由熔化的铁

地壳(6—40千米)

地幔
(3 000千米)

外地核
(2 000千米)

内地核
(1 400千米)

地球的内部
如果我们把地球切开,地球的内部会是图中这个样子。

和镍构成,约2 000千米厚。外地核被地幔包围着,地幔厚度大约为3 000千米。地幔又可分为两层,下层为固态,上层为半固态。再往上就是地壳,地壳由固态岩石构成,是薄薄的一层。地壳的厚度不均,海洋部分的地壳比较薄,平均为6.4千米;陆地部分的地壳比较厚,平均为40千米。

在地壳和上层地幔之间是一个岩浆层,称为莫霍界面。这一层的岩浆可以流动,大陆在这些岩浆上面非常缓慢地朝着某个方向移动,这就是板块漂移。岩浆的温度大约在1 100℃,岩浆喷发出地表形成熔岩,熔岩冷却后又固化成岩石。这个过程不断继续,熔岩不断冷却便形成了火山。在外地核和地幔之间还有一个断面,叫做古登堡界面,有了这个断面,地核才能在地球内部活动。

磁场
地球的大铁核产生了磁场。

地球中心的温度高达5 000℃,这些能量在太阳系的形成阶段就开始在里面积蓄,距今已经有46亿年了。地球表面活动的能量大部分来自太阳,只有少部分来自地球内部。

地壳

地壳是漂浮在岩浆上的一层岩石圈。

元素和化合物

不同元素的原子，其性质有很大不同，这是由于它们的亚原子粒子分布不一样。目前已经发现的元素共有118种，其中有24种不是地球上的天然元素。自然界中有不少元素以单质形式出现，不过更多的元素是和其他元素结合在一起形成化合物。一种化合物可以由两种、三种甚至更多的元素组成，因此可能的组合是非常非常多的。

原子是宇宙构成的基本单位，原子本身又是由亚原子粒子组成的，亚原子粒子有电子、质子和中子。

宇宙中的物质便是由这些为数众多的元素和化合物组成。理论物理学认为，每一种物质都对应着它的反物质，就好像照镜子时镜子里的影像，大小一样，左右相反，物质与它的反物质所带的电荷也相反。不过，这样的反物质在我们生活的世界中是不存在的。自然界的元素和化合物以三种形态存在，分别是固态、液态和气态。不同元素和化合物的熔点、沸点也不一样，所以我们周围的物质处于各种状态的都有。水就是一个很好的例子，摄氏温度就是依据水的性质制定的。1742年，瑞典科学家摄尔修斯提出：把水的冰点和沸点之间的温度分成100等份，每一份代表1℃，把水的冰点定为0℃，于是水的沸点便是100℃。水在0℃以下成为固态（冰），在0℃—100℃之间为液态（水），在100℃以上为气态（水蒸气）。

水蒸气

水

冰

物态变化（右图）
不同的温度下，水的形态也不同。

电子

质子

中子

原子（左图）
亚原子粒子：电子、质子和中子。

45

其他的物质也和水一样,随着温度的不同,在三种形态之间转化。这为自然界中的元素和化合物发生化学反应创造了良好条件。从地球诞生之日起,陆地、海洋和大气中就不断地进行着各种化学反应,最终生成了生命的基本物质——有机化合物。

原子的排列

固体:原子或分子紧靠在一起。

液体:原子或分子可以紧挨着任意移动。

气体:原子或分子可以自由运动,彼此独立。

地球
我们周围有各种各样的固体、液体和气体。

地质运动

从43亿年前地壳形成开始，地质运动就在它的上层日夜不息地进行着。有些地质运动是全球范围的，比如水循环和板块运动；另一些地质运动的作用范围相对小一些，比如河流、风、

冰川、地下水和潮汐。在这两类地质运动的作用下，地壳的变化永不停息。不过，在我们眼里这种变化不太明显，要么是因为这些变化太慢了，要么是因为这些变化的区域太大了，而我们难以察觉。

在现代科学诞生以前，人们认为世界是静止不动的，世界在神的力量下被创造出来，之后就不会再发生变化。经过科学家的探索和发现，这种错误的观点被推翻了。科学家在岩石中发现了大量的化石，这里面有动物化石和植物化石。有些化石里的动物和植物根本不可能生活在发现化石的环境里，这便表明陆地和海洋都有过移动，它们都是证明地壳运动的有力证据。通过化石，

科学家还可以了解地球经历过的气候，比如大冰期发生的时间。在西伯利亚地区发现过一个猛犸象化石，这个化石告诉我们地球的上一次冰期就发生在十数万年前。

大陆漂移（左图）
有很多证据表明，在漫长的时间里，大陆曾有过漂移，这些证据包括大陆的形状、岩石的结构以及各类化石。

公元前 5000 年　　　　　　现在

撒哈拉的气候
在几千年的时间里，由于人类的活动和气候的变化，撒哈拉沙漠变大了。

48

1972年,英国科学家詹姆斯·拉夫洛克提出了"盖亚假说"(Gaia Hypothesis),"盖亚"是古希腊神话中的大地之神。这一假说认为,地球的生物圈,也就是地球上有生命活动的区域,能够像生物个体一样自我调节,维持一个适宜的环境,以利于生命的生存和发展。这也许是一个显而易见的结论,但它的意义却十分重大,它指出人类有责任保护环境,例如我们应该防止全球变暖。

得克萨斯鱼
水生动物的化石表明,有些地方在几百万年以前曾经是海洋。

大陆漂移说

1912年,德国天文学家阿尔弗雷德·韦格纳提出:地球上的陆地原本是一整块,经过漫长的漂移才成为今天这个样子。他的想法在第一个尝试以科学方法解释大陆运动的地质学家是美国人泰勒。他在1908年就提出地球最初有南北两块大陆，它们的碰撞形成了现在的大陆。但科学界不愿接受他这种没有证据支持的理论。

1929年得到了英国地理学家亚瑟·霍尔姆斯的支持。1937年，南非地理学家托伊特也公开支持韦格纳的学说。但他们都没有找到足够的科学证据来证明这一理论。直到20世纪50年代，通过测量岩石的磁场，科学家终于证实了韦格纳的猜想。

岩石的磁场能够证明，现在的多块大陆在很久以前是连在一起的。除了岩石的磁场，岩石的种类以及化石都是这一理论的有力证据。根据岩石的种类和化石中的动植物分布，我们可以把这些大陆拼在一起。而且根据对不同时期的化石进行分析，我们还可以知道哪些大陆曾经分开之后又重新合并在一起。更有趣的是，从形状上看，这些大陆简直就是一个大拼图。不过，因为大陆的海

泛大陆　特提斯海　泛大洋

二叠纪
2.25亿年前

古老的地球
远古的地球上只有一块大陆，这块大陆被泛大洋包围。

岸线受过侵蚀，这个拼图有一些年头了，但它们还是能很好地拼成一整块大陆。

韦格纳把这一整块的大陆称为泛大陆，把包围着它的海洋称为泛大洋。现在的大陆漂移说认为，在距今2亿年前，泛大陆分成了两块，北边的一块叫做劳亚古陆，南边的一块叫做冈瓦纳古陆；后来，劳亚古陆分成了现在的北美洲和亚欧大陆，而冈瓦纳古陆则分成了现在的南美洲、非洲、澳大利亚、印度和南极洲。

大陆有点像漂浮在水面上的树叶，一会儿聚拢，一会儿分开。一些地方的大陆产生褶皱，就形成了山脉。

三叠纪
2.1亿年前

侏罗纪
1.5 亿年前

白垩纪
6 500 万年前

现在

第 5 章

地质构造

地壳

大陆漂移说是用来描述一种很有趣的现象的,这种现象就是:地球上的大陆分散在地球上,但我们却可以像玩拼图游戏一样将它们拼在一起。造成这种有趣现象的原因就是我们所说的板块构造论。

岩石圈包括地壳及上地幔的顶部,其下层为岩浆层(软流圈),岩浆层里的岩浆不停地进行对流运动,这便是地壳运动的动力源泉。地壳的成分主要是一层冷却的岩浆(火成岩),地壳并不是完整的一大块,而是由几个大板块一块一块地拼

地壳运动
地壳下方的岩浆对流产生的作用力,这使得板块不停地运动和变形。

54

在一起，就像一个足球的表面，是把一块一块的皮革缝在了一起。由于岩浆的对流运动，岩浆有时从板块的缝隙中挤出来，这些岩浆冷却后形成新的岩石，而它周围的岩石就被挤向两边；在另一些缝隙里，岩石被岩浆熔化掉，四周的岩石就被拉过来填补空缺。正是这个过程使地壳板块缓慢移动。

岩层分离，中间部分会产生塌陷。

在1912年阿尔弗雷德·韦格纳提出大陆漂移说的时候，连他自己也不清楚大陆为什么漂移、大陆怎样漂移。随着科学技术的发展，到了20世纪60年代，一方面，人们已经可以很精确地测量地球上任意两点的距离，误差不到1厘米，通过测量，科学家发现有些大陆之间每年远离几厘米，而有些大陆之间每年靠近几厘米；另一方面，人们对裂谷、断层、地震和火山等现象有了更深刻的了解，意识到这些现象恰恰是大陆漂移的表现。因此，现在人们已经建立起一个比较科学的模型，用来描述大陆漂移现象。

中间的塌陷向两边延伸。

原来的塌陷两端又产生新的塌陷。

地壳的生长过程
这个过程可以分为三个阶段。

　　新地壳生成的地方，如果在海底，就叫做大洋中脊；如果在陆地上，就叫做裂谷。大西洋中脊使得美国与非洲、欧洲的距离不断增大，东非大裂谷穿过非洲大陆东部。地壳消亡的地方叫做俯冲带，环绕着太平洋的海洋与陆地的交界处就是一个大的俯冲带，它一直延伸到西亚、中亚和东南亚。

裂谷

东非大裂谷，它是由于地壳的开裂形成的。

陆地和海洋

　　地球上原本只有一块大陆，叫做泛大陆。后来，这块大陆被它东面的特提斯海拦腰截断，分成了两块大陆：劳亚古陆和冈瓦纳古陆。这两块大陆继续分裂和漂移，甚至分裂出一些岛屿。现在地球上的陆地面积占地球总面积的30%左右，这个比重比泛大陆占的要小，当年泛大陆的面积大约是地球总面积的40%。陆地面积减少的原因，一方面是因为大陆的海岸线受到侵蚀，另一方面是因为大陆之间由于碰撞而变得隆起。而火山喷发，还会产生很多新的岛屿。最大的火山

　　虽然地球上的大陆分散在各个地方，但很久以前它们却是连在一起的，那块超级大的陆地叫做泛大陆。它被一个超级大的海洋环绕，叫做泛大洋。

岛是冰岛,位于北大西洋。不过,大多数的火山岛都分散在印度洋和太平洋上。在地壳运动的作用下,新的地壳不断产生,但由于产生新地壳的地方全都在海底,所以这并未增加陆地的面积。

我们把陆地分为七大洲,分别是亚洲、非洲、北美洲、南美洲、南极洲、欧洲、大洋洲。地球上还有数以千计的岛屿,有些岛屿比较大,比如马达加斯加岛、格陵兰岛、新西兰岛、婆罗洲岛、日本岛、苏门答腊岛、古巴岛和爪哇岛;还有很多非常小的岛屿,这些岛屿有的成群聚在一起,形成群岛,比如科隆群岛、密克罗尼西亚群岛、菲律宾群岛和巴哈马群岛。

大陆(单位:万平方千米)

a.亚　洲	4 458	b.非　洲	3 037
c.北美洲	2 471	d.南美洲	1 784
e.南极洲	1 400	f.欧　洲	1 018
g.大洋洲	853		

陆地

上面列出了七大洲的形状,但图像的大小并不成比例。陆地面积在右边列出,图像下面的方块大致呈现了每个洲的面积大小关系。

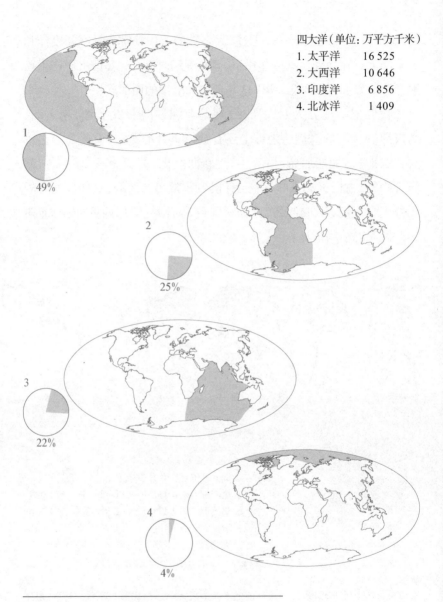

四大洋（单位：万平方千米）
1. 太平洋　16 525
2. 大西洋　10 646
3. 印度洋　 6 856
4. 北冰洋　 1 409

1
49%

2
25%

3
22%

4
4%

海洋

上面的地图画出了四大洋的位置。每张地图下的百分
数代表了该大洋面积占地球上海洋总面积的百分比。
同时，它们的面积被列于右上方。

山脉

　　当两个板块相互挤压，在板块相交的地方就会形成山脉，有时还可能形成火山。地球上有很多山脉，除最高的喜马拉雅山脉，还有南美洲的安第斯山脉、北美洲的落基山脉、欧洲的阿尔卑斯山脉和比利牛斯山脉、欧亚分界的乌拉尔山脉以及西亚地区的扎格罗斯山脉等，这里只列出了一部分。

　　一部分山脉形成于大陆板块和大洋板块的碰撞。在大陆板块

　　当两个板块相互挤压时，它们交界的地方通常会向上产生褶皱，因而形成了山脉。喜马拉雅山脉就是这样形成的。

和大洋板块碰撞的地方会形成海沟，即俯冲带的一部分。由于大洋板块比大陆板块密度大，大洋板块会俯冲到大陆板块的下方，因而随着挤压，质量较轻的岩石熔化成岩浆。岩浆受到的压力非常大，如果穿出地壳喷发出来，就会形成火山。大洋板块的沉积物被大陆板块推起，与火山共同形成了北美洲西部和南美洲的山脉。

山脉的形成需要几百万年的时间，因为板块每年只会微微移动几厘米。山脉一旦形成，它就会成为侵蚀作用的对象，所以它们的外表看起来崎岖不平，布满了沟壑。如果我们研究山脉中的沉积岩，可以发现有趣的现象：在山脉形成之前，这些沉积岩原本是像纸张一样一层一层平整地叠放着，随着板块的挤压和变形，它们也被折叠和扭曲。

一个典型的山脉
在山脉的下方通常还埋有大量岩石，这些岩石的量与上方山脉相当，只不过我们看不到它们。

60

落基山脉　阿巴拉契亚山脉　比利牛斯山脉　阿尔卑斯山脉　乌拉尔山脉　阿尔泰山脉　喜马拉雅山脉

安第斯山脉　　　阿特拉斯山脉　　　大分水岭

断裂区

新产生的地壳使原来的板块互相挤压,从而形成山脉。

火山

板块的俯冲让岩浆的压力增大,岩浆由下而上从火山口喷发。

61

A. 冒纳凯亚火山（10 203米）
B. 珠穆朗玛峰（8 848.86米）

A B　A B

海平面

山脉（上图）
俯冲板块的一部分被大陆板块剥离隆起，形成山脉。

你 知 道 吗 ？

　　并不是所有的山都在陆地上。在所有的大洋深处都有巨大的山脉，它们的大小完全不亚于陆地上最大的山脉。根据这些山脉的性质和位置，人们分别称它们为深海丘陵、海底山、中央裂谷和海底平顶山。它们是由火山喷发形成的，随着岩浆的不断涌出、冷却，在海底形成了山峰。在几百万年不间断的沉积作用下，这些山的绝大部分通常都被掩埋，只有山峰得以露出头来。

裂谷与扩张脊

大部分扩张脊都形成于海底，随着岩浆从地壳下涌出，两侧伴洋脊的裂谷由此产生。这些岩浆冷却后形成火成岩，由于是被海水冷却的，故称玄武岩。

在新地壳不断生成的过程中，新地壳的两边会对称地堆积岩层。随着岩层的不断堆积，裂谷和扩张脊就产生了。

张力导致的下陷　　　　　　压力导致的下陷

地表下陷
如果两边的地层分开，中间的地层就会下陷；如果两边的地层向中间挤压，中间的地层也会下陷。

地表起伏
一系列地表凹陷就形成了起伏的地形。

东非大裂谷
地震活动不仅造就了峡谷，还造就了湖泊和海湾。

64

裂谷更多形成于海底，因为海底地壳的平均厚度要比陆地地壳小，所以岩浆更容易穿过。如果裂谷在陆地上产生，那么裂谷中央比两侧要低，所以容易形成湖泊。在内陆，由于雨水会往低洼的地方流，这些湖泊里的水能够得到补充。如果裂谷发生在大陆边缘，裂谷可能一直开裂到海边，形成海湾。

　　东非大裂谷就是一个内陆裂谷，位于非洲东部。东非大裂谷里有一些大的淡水湖和火山，包括乞力马扎罗山。火山的出现反映出该地区地质活动非常活跃。东非裂谷系是非洲—阿拉伯裂谷带的一部分，东非大裂谷一直向北延续到西亚地区，在非洲和阿拉伯半岛之间形成了一个陆间裂谷，这就是红海，红海通过亚丁湾与印度洋相连。

　　在大西洋底有一条典型的大洋裂谷，几百万年来，它一直在生产新的岩石。最开始，裂谷还在陆地上，渐渐地，这条裂谷把它所在的大陆分裂开。大陆接着分离，又产生一个几千千米宽的海洋，这就是大西洋。现在大西洋还在变宽，以每年几厘米的速度将美洲大陆与亚欧大陆、与非洲大陆推离。

火山

在地壳比较薄弱的地方，岩浆容易顺着裂缝喷发出地面，岩浆冷却后便形成了火山。玄武岩和安山岩都属于岩浆冷却后形成的火成岩。

墨西哥洛皮齐奥火山
这张照片从高空拍摄了火山口的样子，熔岩就是从火山口内喷出来的。

部分冷却的岩浆叫做熔岩。熔岩喷发出来会因火山气体起泡，冷却后有可能成为浮岩。如果岩浆里含有较多的硅，那么熔岩里的气泡会更多，冷却得也更快，以至于熔岩中的气体都来不及跑出来。这样的熔岩冷却后更轻，甚至能浮在水面上。

典型的火山又叫做安山质火山，岩浆里硅含量比较高。由于冷却过程较快，熔岩喷发出来后，没有流多远就冷却了，因此形成的火山坡度陡峭，呈圆锥形。火山每一次的爆发，熔岩和火山灰就会在火山的圆锥口上覆盖一层。当地底下积蓄的能量需要释放时，火山就会爆发，爆发的时候就像酒瓶的瓶盖被冲开一样，没有任何明显的征兆。

火山爆发时会喷出大量物质，包括温度相当高的气体、火山灰和熔岩块，这些物质混合在一起，称为火山碎屑流，其所到之处没有任何生物可以存活。这些物质被喷发出来后，熔岩顺着火山往下流，气体和烟尘则升上

火山活动

由于主火山的喷发,附近的岩层松动并且产生裂纹,地下的岩浆顺着这些裂缝涌出来,形成了主火山周围的小火山。

知 识 窗

盾形火山的岩浆中硅含量比较少,流动性不好,火山呈半球形或盾形,因此被称为盾形火山。盾形火山通常在海底爆发,有些火山的顶部露出海面,会形成链状的岛屿。夏威夷群岛就属于盾形火山,夏威夷岛则是地球上最大的火山岛。

夏威夷

天空。

　　火山活动地区的地壳运动一般都比较剧烈，裂谷和扩张脊附近通常都有很多火山，这些火山往往沿着板块的交界处呈链状分布。分布在俯冲带附近的火山是典型的安山质火山，分布在裂谷周围的火山称为盾形火山。

熔岩表壳构造
熔岩到达地表后冷却，形成了一系列有趣的形状。

地震和海啸

当板块受制于大陆漂移而不断移动，它们最终会达到一种状态——它们需要调整各自的位置以释放累加的压力。这种"释放"通常表现为断层处的压力和张力。然而对人类来说不幸的是，它总是毫无预警地突然发生，这就是地震——伴以一连串余震和微震。而与此同时，需要调整的地壳各部分板块会安顿在新的位置上。

扩张脊和裂谷主要引起板块间的纵向移动，让板块彼此挤压或拉伸；断层则主要引起板块间的横向移动，比如让一个板块沿着另一板块的边缘滑动。在这些地方最容易引起强烈的地震。

错位
两个岩层沿着断层滑动，形成很明显的错位。

69

地震
地震危害最严重的地区往往不是震中。

　　地震的强弱等级用里氏震级来表示，它是美国地理学家查尔斯·里克特提出的。里氏震级是用对数表示的，也就是说，在直接反映地震释放的能量时，某一级别的地震强度要比上一级的强度大30倍左右。具有破坏作用的地震在5.5级到9.5级之间，9.5级是我们记录到的最强震级。

　　地震对地形的改变很明显，它能使地表出现裂缝，裂缝两边的地层有可能发生错位。在地震的作用下，一块原本平整的地面可能

　　如果地震发生在海底或离海较近处，就会引发海啸（在日本，人们称为"港口浪"）。水是不能被压缩的，所以海啸会携带着地震的能量传播，直到它将这些能量传递到岸上。在日本，经常有海啸发生，海岸上的很多建筑都被海啸摧毁。

被分裂成许多块,有些地块下陷,有些地块则被高高顶起,形成起伏不平的地形。如果发生在荒野,这种剧烈的地形变化只是改变一下自然环境而已;但如果发生在人们生活的地方,就会引起巨大的灾难。

海啸
地壳的剧烈震动引发了海啸。

地震活跃区
地图上标示了地球上微震及地震比较频繁的区域。

火山岛

太平洋海底的火山活动非常频繁,海底火山产生了数以千计的火山岛和海底山。

有些海底山不断生长,一直长到冒出海面来,就形成了火山岛。我们知道太平洋能有几千米深,因此火山岛的形成是很不容易的事情。地球上最大的火山形成了夏威夷岛,它位于太平洋的中北部。这些由火山喷发产生的新的陆地是很宝贵的。虽然扩张脊在不断地生成新的地壳,但新生成的地壳一般都在海底,并不会增加陆地的面积。而另一方面,比较剧烈的火山爆发也能摧毁一些岛屿,比如1883年的一次火山爆发就让喀拉喀托岛消失在大海中。

浮岩
熔岩冷却时内部的一些小气泡帮助形成能漂浮在水面上的浮岩。

不是所有的火山岛都是火山露出海面的山峰,比如位于北大西洋上的冰岛。它是由大西洋中部的扩张脊产生的,岩浆从扩张脊中央的裂缝中喷涌而出,形成了冰岛。之所以叫它"冰岛",是因为它靠近北极,大部分地区都常年被冰雪覆盖。不过,称它为"熔岩岛"可能更确切些,因为它几乎全部由岩浆岩构成,而且岛上的火山随时有可能爆发。

火山岛

冰岛是世界上最大的火山岛，直到今天，岛上还有典型的火山、热泉和地热喷泉。

知 识 窗

　　火山岛的形成过程中有一个非常有趣的现象：同一个火山喷发点往往能产生好几座火山岛，这些火山岛连在一起，像海洋上的一条项链。这是因为引起火山喷发的热源位于板块下方，由于板块的运动，海洋下方的地壳也随着移动。但热源是不动的，如果它再一次爆发，就会在原来形成的火山附近形成一个新的火山。夏威夷群岛就是这样形成的，夏威夷岛是在最近一次的火山爆发中形成的，其余的岛屿在它的西北方向排成一列，距夏威夷岛越远的岛屿，其生成的年代也越久远。

1. 一个热源在对流作用下向上推进。

2. 喷发出来的岩浆形成了一座海底山。

3. 这座山越过海平面形成了岛屿。

4. 随着地壳的运动，一个新的火山岛形成。

火山岛的形成

尼豪岛　考艾岛　　　　摩洛凯岛

欧胡岛

拉奈岛　　　　　　　　茂宜岛

卡胡拉威岛

冒纳罗亚火山

夏威夷岛

夏威夷群岛

在夏威夷群岛中，目前只有夏威夷岛上还有火山活动，夏威夷岛是由地球上体积最大的火山冒纳罗亚火山形成的。

冲积平原和三角洲

　　当河流中的水流动速度变慢的时候，河水携带水中颗粒物的能力减弱，沉积过程就此开始。流动速度越慢的河流能够携带的泥沙颗粒越少，因此沙砾最先沉积下来，接着是细泥沙，最后是泥浆。

如果在一个开阔的地区内有一条大河流过，当河流的上游地区下大雨时，大量的雨水会汇集到河流中，导致这个开阔的地区会不时被洪水淹没。由于上游的河水能够携带大量的泥沙，这些泥沙就沉积在这个开阔的地区。慢慢地，这些泥沙越积越多，一个平坦的冲积平原就形成了。

在侵蚀作用下，构成山脉的岩石会分裂成小块。当岩石的碎块足够小时，就可能会被河流带到下游去，这叫做搬运作用。

河流最终汇入海洋的地方叫做入海口，这个地方经常会形成冲积平原，因为河流在这里最宽，流速也最慢。河流中的泥沙不断地在入海口沉积，形成的冲积平原超过原来的陆地，延伸到海洋中。因为它们的形状像三角形，我们便叫它为三角洲。河流就是这样，一点一点地移山填海，经过非常非常久的时间，在入海口形成新的陆地。

三角洲地貌
河流能形成广阔的新陆地，叫做三角洲。

冲积平原
在河流形成冲积平原的过程中，水流的速度越来越慢，河流也变得越来越弯曲。

你 知 道 吗 ？

　　三角洲的形状不一定是三角形，因为海浪和洋流会冲刷河流沉积的泥沙，导致冲积平原的形状很不规则。密西西比河的三角洲看起来像鸟的爪，因为密西西比河在入海口有很多分叉，冲积平原又受到海浪的侵蚀，所以三角洲的轮廓很凌乱、不对称。然而，尼罗河的三角洲却是一个很规则的三角形，而且非常对称，这是因为地中海的海水比较平静，没有太大的风浪。

第一步，河水中的沉积物像一个个伸出的手指。

第二步，潟湖和盐碱滩渐渐形成。

第三步，三角洲成为足够"干燥的土地"。

三角洲的形成

76

断层

第一类断层产生在两个互相分离的板块边界，主要分布在海下，正是扩张脊形成新的地壳的地方。断层的方向大致和板块边界的方向垂直，也就是说板块边界被这些断层截成很多段，这意味着板块在运动的时候可以一块一块地分别移动，而不用整

断层是两个岩层之间的断裂平面，两个岩层沿着断层各自独立移动。断层的规模有的很小，有的很大，我们一般将断层分为三类：第一类断层、第二类断层和第三类断层。它们都是由于板块运动造成的。

分离板块边界

断层线
第一类断层沿着板块的边界呈放射状分布。

断层

从这些图片中，我们可以看到，在地震力的作用下，岩层可以沿着断层向各个方向运动。

块一起动。有少数第一类断层一直延伸到陆地，比如美国的加利福尼亚州就是第一类断层与陆地相连的地方。这个地区的大地震如此频繁，原因就在于这里的板块容易沿着断层移动。

第二类断层也产生在板块的边界附近，不过这些边界不是很明显，如果把地壳看成是几块破碎的玻璃，那这些地方只是玻璃上的一些裂纹。由于亚欧板块和非洲板块之间的相对运动，在欧洲东南部地区和西亚地区产生了一系列第二类断层。第二类断层把地壳分解成一块一块，就像一个拼图，在断层附近地震和火山

知 识 窗

第三类断层能够释放地壳运动的能量，减少地震的发生。断层还使得岩石暴露在外，侵蚀作用能够更快地将这些岩石变成碎块。

的活动比较频繁。

　　第三类断层的规模要比第一类和第二类断层小得多,但第三类断层在数量上却远远多于前两类断层。如果我们把一块陆地剖开来观察它的截面,就会发现大量明显出现断层的地方。岩石一层一层地叠在一起,称为岩层。由于地壳运动,岩层会分裂成一块一块,有些块往上升,有些块往下降,相互错开,就形成了断层。像悬崖、采石场和矿井这样的地方,我们能够看到岩层的截面露在外面,而且由于岩层中不同层的岩石颜色也不一样,所以断层会在这些截面上形成有趣的图案。通过这些图案,我们可以观察到断层是怎样改变岩层的位置的。

褶皱

　　当板块运动产生的力作用到地层两侧时,会使地层受到挤压而发生变形,地层会向上凸或者向下凹,这就是褶皱。如果褶皱在一个很广的范围内发生,就会形成波动起伏的地形,进一步还能形成丘陵和山脉。

　　单层的岩石叫做岩层。许多岩层叠在一起叫做地层,地层在受到压力后会发生折叠变形,即产生褶皱。

　　根据褶皱的形状特征,可以把它们分为三种基本类型:岩层向一个方向倾斜的褶曲即单斜;岩层向中间隆起,形成凸地或山丘的褶

地层

很多层不同岩石叠在一起即地层。

曲,此即背斜;反过来,岩层向中间陷下,形成凹地或低盆地的褶曲,此即向斜。不过在很多时候,地形的构成相当复杂,往往几种类型的褶曲会混合在一起。例如,向斜和背斜组合在一起,使岩层形成S形,这叫做倒转褶皱;如果背斜发生在很广阔的一个区域,就会形成穹丘;如果向斜发生在很广阔的一个区域,就会形成盆地。

有些地方既有穹丘又有盆地,所以地形看起来高低起伏、凹凸不平。

如果岩石受到很大的压力,在经过漫长的时间后,岩石会发生弯曲和变形。正是由于这个原因,坚硬的岩石才能够形成褶皱而不至于断裂。在地质作用中,岩石就像非常黏稠的流体,对于火成岩

悬崖

通过观察悬崖的岩石结构,地质学家能了解岩层构造的很多知识。

尤其如此,因为火成岩里含有大量的硅石和石英。在有些山脉中,褶皱的结构非常复杂,这是因为这些岩石受到巨大的压力,温度变高且开始熔化,这使它们的流动性更强。所以,如果我们把山脉切开,露出来的岩石截面就像一块布一样皱巴巴的。

褶皱的种类

单斜
　　这是由下陷引起的褶曲。

围斜
　　这是由中间部分的凸起引起的褶曲。

背斜
　　这是由隆起引起的褶曲。

向斜
　　这是由凹陷引起的褶曲。

倒转褶皱
　　这是岩石受到侧面压力而引发的。

推覆构造
　　这是倒转褶皱沿着断层移动而引发的。

你知道吗?

悬崖和采石场是观察地层的好地方,其他的地方则不一定。比如,高山的表层通常会有一层沉积物覆盖,因此看不到岩层的内部构造。

第6章

岩　石

岩石的种类

地壳由多种岩石构成。不同的岩石所含有的成分也不一样。不仅如此,不同岩石的内部成分结合的方式也不一样。

岩浆冷却后形成的岩石叫做火成岩(Igneous Rock, 来自拉丁语中的ignis, 意为"火"),因为它们诞生自温度极高的熔化状态的石头。绝大部分的地壳都是由火成岩构成的,地下的

花岗岩
岩浆缓慢冷却,熔化的岩石内会有晶体生成。

大理石
高温高压把石灰石转化成了大理石。

钻　石 10
刚　玉 9
黄　玉 8
石　英 7
长　石 6
磷灰石 5
萤　石 4
方解石 3
石　膏 2
滑　石 1

知识窗

我们可以根据硬度来将矿石分为不同的等级，这种分级办法叫做莫氏硬度，它是由德国矿物学家莫斯提出的。按照这种分类方法，矿石的硬度可以从1到10分成不同等级，钻石最硬，滑石最软。

砾岩

卵石和沙砾胶合在一起，形成砾岩。

岩浆通过火山爆发或者扩张脊喷涌出来,经过冷却就形成火成岩。不过还有相当一部分岩浆即使没有喷发出来,也能在地下冷却形成岩石,这便是岩石的"火成论"。除火成岩之外,还有另外两类岩石——沉积岩和变质岩,它们都是火成岩直接或间接的产物。

在侵蚀过程的作用下,大块的火成岩会逐渐分解成大石块,大石块再分解成小石块,小石块分解为沙砾,最后沙砾分解成淤泥、淤泥分解成泥浆。这些由火成岩分解出来的小碎块会被水流带走,然后又沉积在别的地方。经过长时间的沉积过程,最底下的沉积物在巨大的压力下形成岩石,这就是沉积岩。多数的沉积岩形成于湖泊和海洋的底部。

在地壳运动的作用下,沉积岩会受到来自板块更加巨大的压力。岩石受到高温高压的作用,会发生化学变化,形成另外一种岩石,我们把这样形成的岩石叫做变质岩。

有些时候,沉积岩、火成岩、变质岩会混合在一起,形成砾岩。沉积过程被打断,便可能导致砾岩的形成。例如,沉积过程被一次大洪水或火山喷发打断,各种岩石的碎块就会混合在一起,形成砾岩。

火成岩

火成岩的命名来自拉丁语中的ignis,意思是"火",因为岩浆的温度非常高,像一团流动的烈火。岩浆是气体、固体和液体的混合

直立的柱形晶体（下图）

有些时候火成岩冷却得非常慢，才能够形成巨大的晶体结构。这些岩石的外表被侵蚀掉之后，就露出了这些巨大的晶体柱。

火山柱（上图）

如果火山的核心部分更加坚固，当它的外表部分被侵蚀掉之后，就形成了图中这样的火山柱。

火成岩是由地壳底下的岩浆冷却形成的。

物,其中含有铝、钙、钠、钾、铁、镁等元素。不过岩浆里的关键成分是硅石(二氧化硅)和水(氧化氢),它们的含量决定了岩浆冷却生成的火成岩的性质。硅石的含量占岩浆体积的37%—75%,硅石的含量越高,岩浆就越黏稠(流动性差)。岩浆的命名来自希腊语,意思是将一些东西混合起来揉成团。如果熔岩冷却的速度很快,往往来不及生成大块的晶体,只会形成由粒径极小的晶体颗粒构成的岩石。黑耀石就属于这一类岩石,它的粒径非常小,以至于岩石的外观看起来像玻璃一样。玄武岩和流纹岩的粒径要稍微大一些,因此外观看起来不是透明的,这种现象叫做岩石的隐晶质结构。

如果熔岩的冷却时间比较长,则形成石英和长石。一些流纹岩内部也会包含有独立的晶体,叫做斑晶。这是因熔岩冷却的速度快慢变化造成的,岩石的这种混合结构叫做斑状隐晶质结构。

如果熔岩缓慢冷却,而且冷却的速度不变,就会形成形状规则的大块晶体,这叫做显晶质结构,这种结构主要在花岗岩中出现。

知 识 窗

有些火成岩和沉积岩非常相似。因为火山喷发时会产生很多的火山灰和火山碎屑,这些火山灰和火山碎屑落到地面后,一层层堆积起来,经过挤压而形成了岩石,这种岩石结构叫做碎屑结构。

石头山上的纪念碑
在巨大坚实的岩石山上，可以凿刻出巨大的雕像。

晶体中含有一些杂质，因为所含杂质不同，它的颜色和色调也不一样，这使得花岗岩呈现出不同的颜色。如果熔岩冷却的时间很长，但是冷却的速度发生了变化，那么它形成的花岗岩中的晶体可能大小不一，这种岩石结构叫做斑状显晶质结构。

沉积岩

沉积物不断积累，形成了沉积岩。

容易产生沉积岩的地方主要有两类：一类是湖泊和海洋这样流动性较低而且都有河水汇入的水域；另一类是在水流缓慢的河流、港湾、冲积平原和三角洲。另外，冰川也能沉淀它携带的杂质碎块，即冰碛。在一些地方，风也能搬运一些细小的沙尘，一旦风速降低，它们就沉积下来。形成沉积岩的物质一般都是被侵蚀下来的岩石，不过也可能是动物遗留下来的无机物。观察沉积岩的截面，一般都能看到一层一层的结构，因为它是在漫长的岁月中沉淀下来的。

砂岩，顾名思义，就是由沙砾构成的沉积岩。砂岩中的沙砾大小不一，不过直径通常都在0.1—2.0毫米的范围内变动。这些沙砾可能是石英或长石等火成岩，也可能是片麻岩这样的变质岩。自然界中有一些物质，比如硅石、氧化铁和方解石，能够像胶水一样把沙砾粘在一起，砂岩便形成了。有些砂岩里含有一些比较大的石块，这种砂岩叫做石质砂岩。比沙砾更细小的淤泥也能沉积成岩石，如页岩、粉砂岩或泥岩。这些岩石的颗粒非常小，甚至无法用肉眼辨别。

白垩石
古代海洋中大量浮游生物死亡后，它们身体中的钙质沉积下来，就形成了松软的白垩石。

煤炭的形成

这幅图显示了煤炭的形成过程。古代的有机物沉积下来，然后它们被其他的沉积物覆盖，在巨大的压力下，这些有机物最后形成了煤炭。

　　砂岩、页岩、粉砂岩和泥岩主要都是由无机物转化而来的；石灰石和白垩石则不一样，它们几乎全部是由古代海洋生物的尸体或外壳沉积而来的，主要成分都是碳酸钙。有趣的是，由于形成石灰石的生物外壳要大一些，所以石灰石更硬一些，也更重一些。

　　在特殊的条件下，能形成一种鲕状石灰岩，它的内部是碳酸钙小颗粒，外部由更多的碳酸钙包裹着。石灰岩的石块被湍急的水流搬运到下游，石块沉积下来。接着，水中溶解的碳酸钙在石块上聚集，日积月累就形成了鲕状石灰岩。

石灰石（左图）
这块石灰石中有很多动物的贝壳，这些贝壳比白垩石中的动物遗骸大。

大峡谷（右图）
这里本来有一片广阔的沉积岩，在水流的侵蚀下，形成了一个大峡谷。

岩层（下图）
在沉积作用下，岩石一层层堆积起来，形成岩层。

变质岩

如果石灰石和白垩石受到挤压，组成这些石头的微粒就会靠得很近，温度也开始升高，由此会产生一种新的、更硬的石头，叫做大理石。方解石在受到挤压后，分子会结合得更紧密，排列得更整齐，形成水晶；在类似的作用下，砂岩中的石英微粒会受热熔化，接着又凝结在一起，形成石英石。

岩石经过一些物理变化和化学变化，变成了另一种新的岩石，这个过程叫做变质作用，由变质作用生成的岩石就叫做变质岩。变质作用通常是在很高的压力和温度下发生的，有时候外界的化学物质也会起到一些作用。

　　页岩经历的变化更复杂一些，它首先形成板岩。板岩要比页岩硬，是由很多如头发丝粗细的岩层叠在一起而成的，板岩中各组成成分排列和结晶后，形成片岩，最后，片岩转变成片麻岩。片麻岩看起来和火成岩很像，因为它也是经过熔化然后充分结晶而形成的，

叶理

页岩中有很多细小的云母片。这些云母片本来排列得没有什么规则，但在压力的作用下，它们都在同一个方向上排列，一层一层地叠加在一起，这种构造叫做叶理。页岩就是这样转化成板岩的。

变质岩的形成

沉积岩

火成岩

火成岩进入到沉积岩中，在火成岩和沉积岩的交界处，岩石会转化成变质岩。

高压

高温

地下的岩层受到上面岩层的巨大压力，同时受到来自下方的高温作用，形成了变质岩。

与熔岩缓慢冷却形成火成岩的过程一样。我们称转化之前的变质岩为变质岩的母岩。在上述的例子中，片麻岩的母岩就是页岩。

流纹岩、花岗岩和玄武岩原本都是火成岩，它们也能经变质作用形成片岩。花岗岩还能变质成闪岩，闪岩的主要成分是角闪石和斜长石。角闪石中含有大量的硅石，是一种半透明的物质，上面有牛角状或乌龟壳状的花纹；斜长石是一种含有铝的硅石，是一种白色不透明物质。有少数砾岩也能形成变质岩，形象地被称为变质砾岩。

知 识 窗

在不同的压力和不同的温度下，岩石的变质情况也不一样。根据这一点，科学家可以通过分析母岩的变质程度，来推测一个地区在很久很久以前的板块活动情况。

颗粒状或细粒变质岩　　　　　　　　　　叶状或带状变质岩

母岩

页岩　　　　　　　　　　　　　　片麻岩

　　　　页　岩　　花岗岩
　　　　玄武岩　　闪长岩
　　　　　　　砾　岩

里石　　　　　　　　　　　　　　片　岩

　　　　石灰石　　页　岩
　　　　　　　　　玄武岩
　　　　　　　　　安山岩
　　　　　　　　　辉长岩
　　　　　　　　　凝灰岩

英石　　　　　　　　　　　　　　板　岩

　　　　砂　岩　　页　岩
　　　　　　　　　凝灰岩

新岩石的产生

高温高压的作用,使得岩石转化为新岩石。新岩石有的是颗粒状的,有的是带状或
叶状的。

砾岩和角砾岩

　　砾岩和角砾岩在远古的洞穴里经常出现。这些洞穴的顶部塌陷
之后,雨水就顺着洞口流进洞来,雨水中带有各种各样的碎块,这些
碎块也跟着流进洞来。在洞里,它们也没有别的地方可去,长年累月
地聚集起来,在压力以及自然界的黏合剂的作用下,渐渐形成了砾岩
和角砾岩。岩石颗粒之间或岩层之间碳酸钙沉积的过程叫做钙化。

砾岩和角砾岩都是由碎石块黏合在一起形成的,这些石块有的大、有的小,不像别的岩石结构那么规则。这是因为在沉积过程中,由于某种原因,这些碎石块杂乱无章地沉积在一起,日久天长就形成了这种结构不规则的岩石。

砾岩中的碎石块大小不一,都是圆形或椭圆形的,而角砾岩中的碎石块则有棱角。

不过,大多数的砾岩是在河流的底部形成的。当一些较大的石块沉积下来后,它们像水坝一样阻挡住后来的小一些的石块和泥沙。这样,河流的底部就沉积了大小不一的各种石块,水中溶解的一些化学成分这时候也开始发挥作用,比如碳酸钙和氧化铁,它们像胶水一样将这些沉积物粘在一起,形成岩石。

洞穴的形成
雨水从石灰石中的缝隙渗透下来(右上图);渗下来的雨水慢慢地溶解地下的岩石(右中图);越来越多的岩石被溶解,逐渐形成了洞穴(右下图)。

自然界的混凝土(左图)
砾岩中的碎块是圆形的,而角砾岩中的碎块是有棱角的。

岩石成分
不同的砾岩中黏合剂与碎石块所占的比例也不一样。

　　在山脚或者发生山崩的地区很容易找到砾岩，山崩把各种各样的岩层碎块混合在一起，这些混合物久而久之就变成了砾岩。另外，冰川退却后剩下的冰碛也是产生砾岩的地方，冰川搬运着各种石块和泥土，当这些冰融化之后，剩下的冰碛也就成了形成砾岩的材料。

终碛

化石

动物和植物的样子被岩石保留下来，就形成了化石。不仅如此，有些无机物的细节也能够被岩石保留下来，从而形成化石。这些化石往往是由于沉积作用形成的，反映了当时的地表状况。

化石的规模有大有小。当物质在岩洞、湖泊和海洋中沉积下来，它们形成的沉积岩也属于化石，因为这些岩石刻画了沉积区域的地表状况。有些化石只有几厘米长，而有些化石能够绵延几千米。沉积物也能刻画地表的形状，例如，在沉积岩中可以看到泥土或沙砾形成的纹路，有时候甚至雨点落下来形成的小坑都能被保留下来。火山灰是保留这些细节非常好的材料，因为它们是非常细小的粉末，它们沉积下来，在遇到水之后就会变硬。随后而来的火山灰又把之前的火山灰包住，因此火山灰内部物体的外形就得以保留下来。

化石中的外表细节
在这幅图中，物体被坚硬的岩石包裹着，它的外形也印在了岩石上。

知识窗

　　岩浆可以流动,在地下的岩浆有时候会流入岩石的缝隙或者洞穴中。当这些岩浆冷却后形成火成岩,这些火成岩能够很好地反映地形状况。火山喷发出的熔岩也是一样,它们流过地表,冷却之后就形成岩石,这些岩石也能保留地表的形状细节。

保留在火山灰中的人体
维苏威火山于古罗马时代爆发时,喷发了非常多的火山灰,这些火山灰很快就把附近的小镇掩埋起来。图中一个没能逃走的病人被埋在了火山灰中,一些动物也被活埋了。

恐龙脚印
像泥土、沙砾和灰烬这样比较松软的地方,有时候能够保留住远古动物的足迹。

99

在洞穴中,不仅是洞穴底部的表面能够保留下来,有些洞穴顶部的特征也能够保留下来。一种情况是,如果洞穴被完全填满了,则洞穴顶部的特征自然就被这些填充物呈现出来了。不过,还有另外一种方式也能呈现出洞穴的顶部特征,那就是当水流流过洞穴顶部的岩石时,水流中溶解的碳酸钙不断沉积在这些岩石上,形成一种叫做石灰华的物质。石灰华就像石膏一样,能把它包着的物体表面的细节很清晰地呈现出来。

石头树
这些化石保留了树桩的遗迹。化石上面覆盖的岩层被侵蚀掉后,树桩化石就显露了出来。

第7章

侵蚀过程及
其他地质
进程

从岩石到土壤

岩石的侵蚀是一种非常普遍和重要的地质现象。岩石是由很多成分混合在一起形成的。在侵蚀作用下，岩石分裂瓦解，组成岩石的各种成分也随之彼此分离。

岩石暴露在化学物质中就会受到侵蚀，尤其是水对岩石的侵蚀最为严重，比如在山顶、海边的悬崖和洞穴中的岩石，受到的侵蚀都很严重。基岩是岩石最初的样子，它是一种连续不断裂的岩石，构成了大陆块的根基。简单地说，岩石受到侵蚀的过程可以分为下面几步：从基岩到巨石，从巨石到石块，从石块到再小的石块、石子、沙砾、土壤、淤泥、泥浆，最后变成溶解质。每一步之后岩石都变小了，直到最后变成溶解质，也就是溶解在水中的物质，比如海水中的盐。

致密土壤

疏松土壤

土壤的疏密

致密土壤的颗粒比较小，颗粒间隙中的空气比较少；疏松土壤的颗粒比较大，颗粒间隙中的空气比较多。

颜色黝黑、富
含腐殖质

富含矿物质

土壤结构

这是一幅土壤的截面图,
从图中我们可以看到,不
同成分的土壤一层层地叠
在基岩之上。

贫瘠的下层土壤

未风化的基岩

土壤类型

| 冻土 | 铁铝土 | 沙土 |

| 棕色森林土 | 黑钙土 | 红黄灰化土 |

侵蚀过程分为两种：物理侵蚀和化学侵蚀。物理侵蚀中，岩石受到撞击和挤压，从大块的岩石破碎成小块的岩石。在冰雪的挤压下，山顶的大块岩石发生松动，从基岩上脱落下来。一旦大岩石脱落，它就顺着高山滚下来，在下山的过程中到处碰撞，不断破裂成更小的石块。这些小石块又被流水带走，在水流中不断碰撞，变得更小。

最后，这些岩石变得很小很小，成为沙和泥，沙和泥混在一起就形成了土壤。土壤中的岩石颗粒非常小，比起相同体积的岩石，土壤的表面积要大得多。因此，土壤和水接触得更加充分，能够释放出植物需要的营养物质，这就是我们所说的肥沃的土壤。岩石溶解在水中的过程叫做化学侵蚀，有些岩石要比其他岩石更容易溶解于水，尤其是那些含有很多碳酸盐的岩石。

在形成土壤的过程中，一些生物起的作用也非常大。它们的排泄物和尸体留在土壤里能够形成腐殖质，这些黑色的腐殖质就是土壤中的肥料。一些植物死后遗留在土壤中也能产生腐殖质。

有助于土壤形成的小动物

鼠妇

金龟子幼虫

千足虫

跳虫

蝗虫

蚂蚁

螨

物理侵蚀

在山顶,雨水沿着岩层之间的裂缝渗透到岩层中间。当这部分水结成冰后,体积膨胀,使得岩层发生松动。最终,岩石被撬起,从山顶滚落下来,一路上与其他岩石发生猛烈碰撞,产生更多的碎石块。山顶的冰雪融化成水,汇成山间的溪流,溪水能够把一些碎石块搬运到下游。在搬运的过程中,碎石继续不断与溪流底部的岩石发生碰撞,变成更小的石块。这样,它们能被流水带到更远的地方。年复一年,高山就这样"变矮"了,这就是物理侵蚀。

在水、温度和引力等外力作用下,大块的岩石被瓦解成小块,高山被削低,低谷被填平。这便是物理侵蚀。

怀俄明州　黄石公园

犹他州　布莱斯峡谷

阿拉斯加州
海斯山上的冰川

侵蚀地貌
在水、风、冰雪和温度变化的作用下,侵蚀作用把地表雕刻成各种各样的形状。

风和沙

在适当的条件下，狂风卷起的沙砾能够"啃掉"岩石的表面。

风也能造成物理侵蚀。在沙漠地区，风把表层的土壤吹走之后，只有沙砾剩了下来。在沙暴的时候，被狂风卷起的沙砾动能非常大，能够把岩石的表面"啃掉"，这样形成的地形仿佛经过喷砂处理。

海洋上的风把能量传递给海水，形成了海浪。在刮台风的时候，巨大的海浪拍击着海岸，能够给沿岸造成显著的侵蚀作用。另一方面，海浪还能搬运岸边的石块，使这些石块沿着海岸漂移，并且彼此碰撞，变成越来越小的碎石。

知 识 窗

冰川也是造成地表物理侵蚀的因素之一，它是一条由冰雪汇成的河流，以非常慢的速度流往山下。在冰川流经的地方，松动的石块被冻结在冰中，这些有棱角的石块让冰川像一根巨大的锯条，在地面上挖出U形的峡谷。岩石碎块落到冰川上，就像落到一条传送带上，被冰川搬运到下游。到冰川融化成水，这些水又将侵蚀作用继续下去。

冰川

在常年低温的地方,冰川在山脉中切割出峡谷。

化学侵蚀

溶解是最常见的一种化学侵蚀现象,岩石溶解在水中形成溶液后被带走,水是溶剂,岩石是溶质。一个最典型的例子是海洋中的盐,也就是氯化钠,这是很多

化学侵蚀是由化学作用引起的。不过,通常化学侵蚀和物理侵蚀是同时发生的。

岩石中都含有的成分。它溶解在水中后,被河流带到海洋中,海水不断蒸发,盐便在海洋中累积起来。

其他形式的化学侵蚀同样需要水的参与,此时,水起着酸的作用。二氧化碳(CO_2)溶解在水中形成碳酸(H_2CO_3)。类似的,亚硝酸(HNO_2)是一氧化氮(NO)和二氧化氮(NO_2)溶解于水形成的,亚硫酸是由二氧化硫(SO_2)溶解于水形成的。虽然按照实验室里的标准,这几种酸都属于弱酸,但是它们腐蚀岩石的速度要比水快得多(这种侵蚀过程叫做水解)。大气中含有

墓碑
用岩石雕刻出来的东西，久而久之，上面就会留下侵蚀的痕迹。

上述这些酸性气体，在大气中水蒸气汇聚成小水珠的过程中，溶解在小水珠中，并形成酸雨。这些酸性气体在自然条件下就会产生，但由于人类的生产活动，工厂排放废气中的酸性气体要比自然产生的多得多。

有些岩石如果暴露在大气中，也会发生某些化学变化。例如，含有铁的岩石暴露出来的部分最初是灰色的，然而在大气中的氧气和水分的共同作用下，铁变成了氧化铁，岩石也变成了赤红色。

石灰石碎块

第一步：水从岩石的缝隙中渗入，渐渐将缝隙部分的岩石侵蚀掉。

第二步：随着越来越多的岩石被水溶解，裂缝逐渐变深加宽。

第三步：岩石被这些裂缝分割开来，最终崩塌成小块。

知 识 窗

由于岩石是由多种物质构成的很复杂的化合物，因此它受到的化学侵蚀也是复杂多变的。溶解、水解、氧化这些作用交替进行，有时由于岩石各部分成分的不同，有些部分被化学侵蚀得较快，有些部分则较慢，这使得岩石表面的颜色有明显的区别。

溶洞

溶洞内有好多奇形怪状、美丽壮观的岩石，它们是由化学侵蚀造成的。

雨和风

雨和风的循环让全球出现天气的变化,并使得淡水在陆地上重新分配。雨和风都是大气中能量流动的表现。不同区域的大气之间的温度差异是产生能量流动的原因。

地球上的水始终在不停地进行循环。从海洋开始,水循环的第一步是海水蒸发成水蒸气。太阳的能量照射到海面,使得表层的海水变热,水分子受热后蒸发到空气中形成水蒸气。这个过程在陆地上也同样会发生,比如湿地和动植物身上。携带水蒸气的热空气往上升,形成上升热气流,这个上升过程叫做对流。这是因为热空气的分子比冷空气的分子稀疏,所以热空

水循环

上图是水循环过程的示意图。水蒸气从海洋升到空中,被风带到陆地上空,落下的雨水又流回到海洋中。

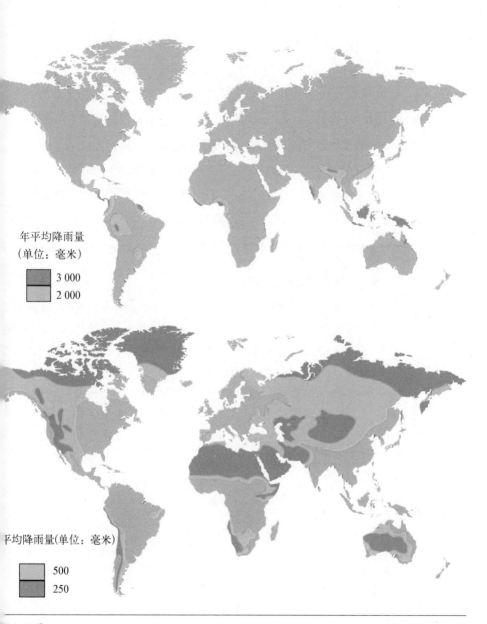

年平均降雨量
（单位：毫米）

3 000
2 000

平均降雨量(单位：毫米)

500
250

量和干旱

于海拔和地形的共同影响,有些地区每年的平均降雨量要高于其他地区。上图是全球年降雨量
多的地区,而下图是全球年降雨量最少的地区。

气比冷空气轻。

热空气往上升，冷空气往下沉，对流使大气中的气流作旋涡运动，这就形成了风。当热空气升到高空后，温度降低，热空气冷却，冷却后的空气携带不了那么多的水蒸气，于是水蒸气就凝结在一起，形成可见的云。云中的液滴进一步汇集，最后变成雨从天空落下来。

大部分的雨水直接落到海洋里，在那里，它们等待着再次被蒸发。也有不少雨水落到陆地上，这些雨水汇集成溪流，溪流再汇聚成河流，最终雨水通过这些河流又流回大海。

太阳光穿过大气层把能量送达地球表面，水循环和风循环的能量便是这么来的。由于地球的公转，地球上每个地区接收到的太阳的能量是很有规律的，这意味着人们可以预测某一地区接收太阳能量的情况，从而掌握该地区的气候变化规律。这样，人们便可以绘制出全球气候图。依照气候图，人类能够可靠地预测某地区季节性的气候变化。

侵蚀
雨水不停地冲刷着地表，土壤中的养分也被雨水带走，最终流入海洋。

水力作用

水以气态、液态和固态这三种基本形态对地球的表面发生作用,有时发生物理作用,有时发生化学作用。通常,物理作用和化学作用同时发生。因此,地壳的形状主要由两个因素决定:一个是地壳内部的板块运动;另一个是地壳外部的水力侵蚀作用。

水对物体产生的物理作用有很多种方式。水是不能被压缩的,因此水可以以很大的力冲击物体的表面,将物体击碎。在这个过程中,水释放出动能。海浪冲击悬崖就是一个很好的例子。

水在地球表层所占的比重很大,所以地球表面的温度变化不是很大,地球表面温度在水的冰点附近轻微变动,不至于太冷,也不至于太热。这使得三种基本形态下的水能够同时存在,水的三种基本形态是固态(冰)、液态(水)和气态(水蒸气)。

由于同样的原因,水还能很有效地冲刷和搬运物体,将物体顺着水流从一个地方搬运到另一个地方。比如溪水和河水,就是这种情况。随着长年累月的搬运,大量的岩石被流水冲走之后,便形成了河谷。另外,有很多非有机物的物质能够漂浮或半漂浮在水中,流水搬运起这些东西来更加容易。

水还可以分裂像岩石这样硬度很大但弹性很小的物质,这是因为水结成冰后体积膨胀。如果水被渗水性强的岩石吸附到内部或者直接渗入到岩石的缝隙中,那么这部分水结冰后,由于水的体积的膨胀,岩石往往会被撑裂,变成一堆碎石。

页状剥落

在沙漠地区，岩石的表面在太阳的暴晒下变得很热（右上图）。到了晚上，温度降低，岩石表面冷却收缩（右中图）。如此的热胀冷缩长期进行下去，岩石的表面就会剥落下来（右下图）。左上方的示意图是这种页状剥落岩石的一个横截面。

悬崖的侵蚀

白垩岩构成的悬崖很容易被海水侵蚀，这种侵蚀既有物理作用，也有化学作用。

从化学角度看,水是一种万能的溶剂,接触到水的岩石可能会被部分或全部溶解在水中,还有一些则悬浮在水中。悬浮跟溶解不同,悬浮的颗粒只是漂浮在水分子间,虽然悬浮的颗粒非常小,但并没有真正溶解。严格地说,悬浮应该算是微观的物理侵蚀作用。水还可以促进一些矿物质的氧化。

冰的侵蚀作用

水结成冰后,体积膨胀,岩石被冰撑开后,松动的岩石碎块便掉落下来。

第一步:
雨水落进岩石的缝隙中。

第二步:
温度降低后,水结成冰,体积膨胀,需要占据更多空间,这使得岩石的缝隙变得越来越宽。

第三步:
松动的岩块掉落下来。

风力作用

太阳辐射将陆地或海洋的表面加热,陆地或海洋表面的空气分子也因此被加热。太阳的能量转化成了空气分子的运动,便形成了风。

热空气的分子比冷空气的分子稀疏,因此热空气比冷空气轻。这导致大气中的热空气上升,冷空气下沉,便造成大气的对流。最终,大气按照空气的冷热不同分成一层一层的,当然空气的分层肉眼是看不见的。

然而,这些分层是难以保持稳定的,对流的继续、地球的旋转、昼夜的更替以及热带、温带和寒带地区的温度差异都会影响气流的

冷空气　　热空气
高速气流轴线　　风向

高速气流
当冷空气团和热空气团相遇时,由于对流作用,在它们的边界处会产生高速气流。

分布。在这些因素的共同作用下,地球的大气中发生了强烈的对流运动,这便是我们感受到的风。

风只能搬运非常细小的颗粒,比如尘土或沙砾,沙漠就是在风力作用下形成的。风无法吹动稍微大一些的岩石,因为当风吹到岩石上时,空气的分子会压缩在一起。风提供不了足够的能量去搬运这些石块。

风助水力产生的威力最大,这时候风的能量被水吸收,而水能够更有力地作用在物体上。在大面积的水域,这种现象更加明显,比如海洋和湖泊。

当风吹动水面时,风的能量转化为波浪的能量。如果风是由海洋往陆地方向吹的,那么波浪就会对海岸造成冲击,将它的能量释放,作用于岸边的岩石、悬崖或者海滩上,由此发生侵蚀作用。

沙丘
在风力作用下,沙丘的形状与海面上的波浪有些类似。风向不同,沙丘的形状也不同。

风的速度有快有慢,这反映了空气分子动能的大小。英国海军上将蒲福提出了蒲福风级(0—12级风)来衡量风速的大小。例如,0级风为"无风",表示风速小于1千米/时的风;12级风为"飓风",风速高达118千米/时,甚至更高。

冰力作用

虽然冰通常被认为是固体,但它实际上是一种流体,只不过它的黏性非常大,因此流动得非常缓慢。有了这样的认识,我们便能更好地理解冰力作用的特点。

在寒冷的地区,比如北极、南极和高山上,积雪会不断堆积在一起,在其自身的重力作用下结成冰。这些冰雪在地心引力的作用下会缓缓地往山下流动,像一条由冰雪构成的河流,这就是冰川。

冰川的流动和河流很相似,不过它的流动速度非常慢。冰川经过的地方,碎石都被冻结在冰中,随着冰川流动被搬运走。这些碎石的棱角划过冰层下方的岩石,造成进一步的侵蚀。由于古代冰川的

冰蚀峡谷

一条V形河谷（左图）在冰期中，河流变成了冰川，冰川侵蚀出U形谷（中图）。冰川消退后，U形谷留了下来，河流从U形谷底部流过（右图）。

活动，有些地方会形成一种羊背石，羊背石的迎冰面因刨蚀作用平缓而光滑，背冰面因掘蚀作用多为参差不齐的陡坎。

　　水冷却后凝结成冰，这一过程也会造成很强的侵蚀作用，虽然它不像冰川那样轰轰烈烈，但坚硬无比的岩石也不得不屈服于它的威力。这是由于水结成冰后体积膨胀，因此如果岩石内部或者缝隙中的水结成冰，那么岩石的裂缝就会被冰撑大。在反复的冻结和融化过程中，岩石的裂隙就会扩大、增多，以致石块被分裂出来，这种作用叫冻融作用。它使得整座高山或者悬崖被层层瓦解，被冻融作用裂解出来的石块堆在一起形成岩屑堆。

　　水结成冰后体积膨胀，因此冰能够漂浮在水面上。有些地方的冰川一直延伸到海洋，于是冰川中的碎石能够随着冰块漂到很远的地方。虽然冰相对较轻，但冰可以叠加在一起，形成很厚的冰层，这些冰层非常非常重，甚至可以将岩石压得下陷。例如，格陵兰岛的中心陆地被冰层压得比海平面还要低，南极洲和加拿大的巴芬岛也都属于这种情形。

冰川悬谷　　　　　　　　刃脊　锥状山峰　冰斗　　　冰槽

山口

陡峭的斜坡
冰川的侵蚀作用相当厉害,这些崎岖陡峭的斜坡就是在冰川的侵蚀下形成的。

瑞士阿尔卑斯山脉(下图)
瑞士阿尔卑斯山脉的很多峡谷仍然受到冰川的侵蚀,因为这里海拔很高,积雪终年不化。

矿物和土壤

含有金属成分的岩石叫做矿石。有的金属天然就是纯净的，比如金和银；不过更多时候，金属会和其他物质化合在一起，需要通过提炼才能把金属分离出来。矾土是一种含有铝的矿石，可以加工提炼出铝。

岩石中含有各种各样的单质和化合物，取决于岩石如何、在哪里形成。不同的岩石构成不同的矿物，为人类提供了广阔的利用空间。

有些岩石含有大量可以利用的成分，比如生石灰（氧化钙）可以从石灰石中得到。把石灰和灰黏土一起烧制，可以制造出水泥，这是一种广泛应用于建设房屋、公路和桥梁的材料。

有些岩石非常稀有，比如宝石。宝石是由一些稀有矿物聚集在一起形成的，这些稀有矿物受到高温而熔化，慢慢汇集到一起，之后又冷却成结晶，形成宝石。钻石的成分其实是很普通的碳，但它却相当珍贵。刚玉是氧化铝结晶而形成的，通常以其分类下的红宝石和蓝宝石而为人所知。

土壤是由岩石侵蚀而来的，因此土壤的性质和被侵蚀的岩石的性质有直接关系。壤土是由沙砾和黏土构成的，还含有一定量的有机物；黄土是由风力搬运的岩石颗粒沉积下来形成的，黄土中含有很多种成分，但土壤颗粒通常都很小，而且结合得很疏松。冲积土和壤土比较相似，不同之处在于壤土中含有有机成分，而冲积土中则含有淤

矿物质

石英
一种氧硅化合物，很多岩石中都有
这种成分。

盐（氯化钠）
一种含钠和氯的化合物，在海水
中含量相当丰富。

锡石
一种含有氧和锡的化合物，金属
锡便是由它提炼而成的。

方解石
一种含钙、硅和氧的化合物，是
大理石和石灰石的主要成分。

英国君主的王冠上有四百多颗珍
贵的宝石，这些宝石镶嵌在由金和银
铸成的王冠上，向人们展示着大自然
造物的神奇。

泥。淤泥的颗粒非常小，因此，在相同的体积下，它有更大的表面积，这往往有利于形成肥沃的土壤。

铜矿

铜矿的分布比较分散，不像其他矿物那样只集中在薄薄的一层岩层中。因此，铜矿往往不适合隧道开采，而是采取露天开采的方式。

铁矿石

铁矿石中含有多种氧化铁，为了得到纯铁必须先把这些氧化物除掉。

黄金

金通常是不与其他物质发生反应的，因此它在自然界中往往以天然的形式存在。

潮汐和洋流

月亮能引发海水的运动,形成潮汐。这是因为当月球从我们头顶经过时,它的引力会作用在地球的表面,引发海水运动。

月亮的引力会作用于地球表面。因为海水是具有流动性的,不是固态的,因此这种引力使得海水发生运动。太阳也同样对地球有引力作用,这个引力也影响着海水的运动。于是,地球、月亮和太阳之间相

暖流　　　寒流

洋流
风力驱动的洋流在大洋表面转移热量。

对位置的变化,引发了潮汐运动。

　　每天,在沿海地区都可以看到涨潮和退潮各两次,单个周期是12小时又20—25分钟,因此第二天的潮汐会比前一天晚40—50分钟。大洋上潮汐的落差很大,能够达到几米高。但在地中海这样的内海,潮汐的落差只有几厘米。当太阳和月球、地球处于同一直线的时候,潮汐的落差最大,这就是春潮;在两个春潮之间,潮汐的落差最小,称为小潮。

　　风是引起洋流的主要原因,除此之外,地球的自转也能改变洋

河口洋流
淡水和咸水在河口交汇,水的密度差引起洋流。

暖流

寒流

温差引起的洋流
冷水上升之后受热,温度渐渐升高。

流的方向。在这两个因素的共同作用下,在赤道的南北两侧形成了环形洋流。

还有一些因素能够引发洋流。比如,热水与冷水交汇时,由于热水的密度比冷水小,因此热水上升,冷水下沉,形成对流。当来自两极的寒冷海水和来自赤道的温暖海水相遇时,就会出现这种现象。

引起洋流的第三个原因是淡水和咸水的密度差,这种现象在河流的入海口很常见。不同密度的水,因河水携带的动能相遇,咸水下沉,淡水上升,引起类似对流的运动。

为什么会发生潮汐?

地球上会发生潮汐运动,造成这一现象的主要原因是月球对地球的引力。太阳对地球的引力也起一小部分作用。落差最高的潮汐(春潮)发生在太阳和月球、地球运转到在一条直线的时候(上图、中图),落差最小的潮汐(小潮)发生在太阳与月亮相对地球位置在垂直方向上的时候(下图)。

四季更替

地球绕太阳旋转，它的轨道几乎是一个正圆形，因此在旋转的过程中，地球与太阳之间的距离没有太大的变化，不足以引起春夏秋冬的四季变化。真正造成四季更替的原因是地球倾斜的角度，也就是地轴与地球公转平面之间夹角的余角，即黄赤交角，为23°26′。

在地球公转的过程中，地球相对太阳位置的改变引起了四季更替。地球绕太阳旋转一周的时间为一个地球年，一个地球年等于365.3天。

由于黄赤交角的存在，在12月21日（或22日，这是北半球的冬至日和南半球的夏至日），地球的北极背向太阳倾斜23°26′；而在6

在地球一年的公转周期中，地球相对太阳的倾斜角度不断发生改变，引起了四季更替。

在比南北回归线纬度更高的地区,太阳光必须穿过更厚的大气层才能到达地球表面。在北极圈所包围的地区,冬天时一天24小时都是夜晚,到了夏天则一天24小时全是白天;南极圈所包围的地区也有类似的现象。回归线和极圈之间的部分叫做温带。

月21日(或22日,这是北半球的夏至日和南半球的冬至日),地球的北极朝着太阳方向倾斜23°26′。它们就是二至点。当地球从一个二至点转过90°,到达两个二至点中间的时候,太阳正好位于赤道的正上方,即二分点,大约发生在每年的3月21日(或22日)和9月21日(或22日)。

如果太阳光照射到地球的角度不同,那么光线在大气中需要经

四季

当地轴背向太阳倾斜时,北半球进入冬季,白昼变短,夜晚变长。

太阳

北半球的冬至日是在12月21日(或22日),这一天也是南半球的夏至日。

过的距离也不同,同样多的光线照射到的地表面积也不同,这就引起了地球上的温度变化,我们称之为四季更替。在南北回归线之间的区域都有机会得到太阳的直射,这时候太阳需要穿过的大气层最薄,地表得到的热量也最多。

白天和黑夜

太阳光

午夜   黎明   正午

面向太阳光的一面是白天,背向太阳光的一面是夜晚。

气候带

极圈	60°34′ N
回归线	23°26′ N
赤道	0°
回归线	23°26′ S
极圈	60°34′ S

当地轴朝着太阳的方向倾斜时,北半球进入夏季,白昼变长,夜晚变短。

太阳

北半球的夏至日是在6月21日(或22日),这一天也是南半球的冬至日。

冰川作用

除了以年为周期的四季变化，地球上还有着周期更长的气候变化。冰期就是这样一种现象，它造成全球气温的降低，使得极地气候向温带扩张。冰川作用意味着大冰期中极端严寒的一个阶段。

冰川作用每隔几千年就在地球上爆发一次，现在的地球正处于两个冰川阶段的间隙，所以大部分地区都相对温暖。根据地质上的证据，在目前我们正在经历的冰期里，已经发生了大约二十余次的冰川作用。

冰期的产生与地球绕太阳

○ 1.8万年前的冰盖范围

○ 如今的冰盖范围

冰盖

在最近的一次冰期中，北极的冰雪向欧洲和北美洲延伸，厚厚的冰层覆盖大陆达几千年之久。

轨道变化

太阳

地球

轨道改变
地球绕太阳运行的轨道以4.6万年为一个周期变化着。

知 识 窗

　　历史上主要的大冰期是由科学家以地质时代命名的,并推测了其开始和结束的时间。最早的大冰期叫做震旦纪大冰期,发生于27亿—18亿年前。最近的一次冰期叫做第四纪大冰期,它开始于164万年前,至今都还没有结束!

旋转的轨道有关,主要由三个因素所决定:第一个因素是地球轴倾的角度,这个角度会发生周期性的变化,一个变化周期为4.1万年;第二个因素是地球在公转过程中自转轴的轻微摆动,这个摆动的周期大约是2.1万年;第三个因素是地球公转轨道的形状,这个形状在正圆形和椭圆形之间变化,周期为4.6万年。这三个因素综合在一起,使地球经历了一系列的冰川作用。冰期有长有短,每一次冰期都伴随有冰川作用的发生。最近的一次冰期叫做更新世冰期,它几乎主宰了整个更新世(第四纪的第一个世)。如今,这次大冰期所造成的影响仍然在继续，比如被冰川侵蚀的地形和亚寒带地区的一些动植物化石。事实上，第四纪大冰期还没有完全结束，地球在几千年内将再次遭到冰川作用的袭击。

猛犸
在冰期的北半球，这些体形巨大的猛犸通过进化，存活了下来。

特殊地貌

　　位于美国犹他州和亚利桑那州的纪念碑谷是一处非常奇特的地貌，这里的岩石发生了一种叫做差速侵蚀的现象。由于有的岩石被侵蚀得快、有的岩石被侵蚀得慢，因此地面上留下一座座巨大的岩柱，像一个个纪念碑一样，因此这里被叫做纪念碑谷。每个岩柱顶部都是耐侵蚀的岩层，它们像盾牌一样保护着下方的岩石不受雨水的侵蚀。犹他州的布莱斯峡谷国家公园也有类似的景观，它有千万根天然的红色石柱。位于犹他州的宰恩国家公园，有

侵蚀作用不断地改变我们周围的地貌。通常，侵蚀过程只会产生一些平缓的丘陵和山谷。但在有些地方，由于气候和地质的原因，侵蚀过程会在那里催生一些非常特殊的景观。

一个正在形成的拱门，而那里原本是一面悬崖，悬崖顶部是耐侵蚀的岩石，它把底下不耐侵蚀的岩石扣住，雨水慢慢地渗下悬崖，把底部的岩石侵蚀掉，顶部的岩石便凸显出来，形成拱门。

犹他州的这些景观是由雨水冲刷地表而成的，另外还有一类侵蚀是由地下水的侵蚀造成的。地下水就是流动在地面之下的水，地下水能够把石灰石溶解，这些石灰石被侵蚀得支离破碎，在地下形成很多裂缝和溶洞，这就是岩溶地貌。中国的桂林是岩溶地貌的一个典型例子，那里到处是石灰石被侵蚀之后留下的山峰和地下溶洞。在美国佛罗里达州、肯塔基州和印第安纳州有一种塌陷地形也属于岩溶地貌，那里的地面上到处是杂乱无章的下陷，就像一个个炸弹爆炸留下的坑。

纪念碑谷
这里原来是一个高原，在侵蚀作用下，高原不见了，只剩下一根根巨大的石柱。

变成了化石的沙丘
表面的岩石被侵蚀掉后，就出现了古代
沙漠的沙丘化石。

犹他州的宰恩国家公园
地貌也是气候作用的结果，使石桥渐渐
变成拱门。

中国桂林
这些高低不平的石头山是岩石
内部水力侵蚀的结果。

在美国黄石国家公园的猛犸象热泉区，有一种"石灰华地形"。水中的碳酸钙在这里不断沉淀，而同时地下的温泉又不断冒出来溶解碳酸钙，形成的一个个水池像梯田一样分布。

海底地貌

海底的绝大部分都是一层厚厚的沉积物，然而在这些沉积物的底下却是千奇百怪的地质景观。沉积物主要是由一种有孔虫门的单细胞生物钙化遗留积聚而成的。经过成千上万年的沉积，这些沉积物形成一层叫做海

陆地地貌是在侵蚀和板块运动的共同作用下形成的。而海底地貌则是由板块运动和沉积作用共同造就的。

泥的灰白色物质，有些地方的海泥厚度可以达到几百米。在最古老

的海洋中,海泥最厚(消亡带);而在最新的海洋中,海泥最薄(扩张脊)。

　　海洋的地壳要比陆地上薄得多,因此地壳下的岩浆更容易在这里涌出来,于是海底火山随处可见。更有趣的是,这些火山的源头是固定不动的,而海洋的板块却是在不断地运动,这就导致海底出现一连串的火山,这些火山记录了板块运动的过程。如果海底火山高过了海面,就形成了火山岛。在太平洋上,有数以百计的火山岛和数以千计的海底火山。

　　除了一些火山和峡谷,海底大体上是平整的。然而从深海到大陆之间通常会有一个过渡区域,首先是一个从深海向上的陡坡,接着的是一个缓坡一直通往大陆,这个过渡区域叫做大陆架。从地质

海底地貌
海底的地形中也随处可见山峰和峡谷。

来看,大陆架虽然被海水覆盖,但实际上却是大陆的一部分。它是在几百万年的侵蚀作用下被海水冲刷出来的,可以有几千米宽。

知 识 窗

海洋最深处位于西太平洋的马里亚纳海沟,深度约为11 034 米。

马里亚纳海沟
(11 034 米)

珠穆朗玛峰
(8 848.86米)

海底的地形

海底的地形主要由板块运动决定。

a. 大陆 　　b. 大陆架 　　c. 深海平原 　　d. 大洋中脊 　　e. 海沟

海岸地貌

海岸是海浪不断侵蚀的对象,海岸年复一年地承受着海浪的冲刷。

风吹着海面,把能量传递给海浪,当海浪冲击到岸边时,这些能量被释放出来。海水不仅能对海岸造成物理上的侵蚀,还能溶解和冲刷暴露在外的岩石。

如果岸边有悬崖受到海浪的冲击,那么我们可以看到一个很明显的侵蚀过程:海浪不断冲击悬崖底部的岩石,通过化学和物理作用将这些岩石侵蚀掉,在悬崖

海浪
当海浪到达陆地,海水和地面的摩擦使得海浪逆旋,之后海浪被击碎。

鹅卵石（右图）

在海浪的作用下，这些碎石互相碰撞摩擦，形成了表面十分光滑的鹅卵石。

差速侵蚀（左图）

海浪对不同岩石的侵蚀速度也是不同的，这样往往会形成一些独特的景观，比如下图中的五种海蚀地貌。

海蚀柱——岬角被折射的海浪严重侵蚀而成。

海蚀崖——在物理和化学侵蚀下因海浪卷走岩石而形成。

碎石滩——海蚀崖脚一片狭窄的碎石堆积。

湾头滩——新月形的沙滩，被两个岩石海岬包围着。

海岬——形成于受侵蚀的岩石被海浪卷走。

139

下方形成空洞。下方的岩石无法承受上方岩石的重量,这部分悬崖就会崩塌到海水中,被海浪卷携入大海,而海浪继续冲击悬崖上暴露出来的岩石。又一轮的进攻就这样开始了。这种侵蚀的速度与组成悬崖的岩石种类有关,也与海浪携带的能量大小有关。

当海浪冲击不同区域的不同岩石时,侵蚀的速度也会有所不同,这样往往会形成一些特定的海岸地貌。如果海浪在一个地方突破了耐侵蚀的岩石防护层,它就能很轻易地侵蚀掉内部易受侵蚀的岩石,形成一个马蹄铁形的海岸,叫做小海湾。如果一处耐侵蚀的岩石两侧受到了侵蚀,就会形成M形的海岸,这就是岬角。海浪继续侵蚀岬角暴露出来的部分,又会导致海蚀柱和海蚀龛的出现。

知 识 窗

有些岩石不会被海水溶解,在长时间的相互碰撞和挤压中,它们逐渐变成沙砾。这些沙砾被海水沿着海岸搬运,最后在一个地方积聚下来形成沙滩,这种地质进程叫做沿岸流。

漂移的方向

风浪的方向

回流　水流方向

外来物体撞击

月球的表面布满了大大小小的陨星坑，这些陨星坑有好几百万年的历史了。它们都完好无损地保存下来，这是因为月球上没有水也没有风，不存在侵蚀作用。而在地球上，情形就完全不同了。地球受到外来天体撞击的频率与月球是一样的，然而在侵蚀和地壳运动的作用下，地球的表面已经看不出一点被撞击过的痕迹。

通过月球的表面，我们可以猜测到，宇宙中曾经充满了到处乱飞的小行星。一不小心，就有被它们击中的危险。

月球的表面
月球上仍然完好地保留着陨星坑，是因为月球上没有侵蚀作用。

根据科学家的计算，在大约40亿年前，地球还一直不断地受到小行星的撞击，有些小行星的直径甚至达到了64千米。之后，大部分小行星因撞击而消失殆尽，小行星撞击的频率自然越来越低。如今，地球上发生大碰撞的概率微乎其微，但总有一天，地球上还是会不可避免地再次遭遇大撞击。

 一颗小行星冲向大气层。

 小行星与空气摩擦，产生的高温使小行星燃烧起来。

陨铁

燃烧着的小行星划过夜空，就是我们看到的流星。

陨石

地球的大气层也能起到一定的保护作用。流星在通过大气层时与空气发生摩擦，进而燃烧，小一些的流星在落到地面之前就燃烧完了，然而体积较大的流星仍然可以撞击到地球表面。每年确实有很多的流星落到地球上，但大多数都没有引起人们的注意，除非流星碰巧砸中了房屋或汽车。

然而在史前，曾经有巨大的流星撞击过地球，撞击甚至使得地球上的生存环境发生

大部分的流星在空中就被焚烧殆尽。

没有烧尽的部分撞击到地球上。

落在地上的流星成为陨星。

了翻天覆地的变化。

6 500万年前,一颗巨大的流星击中了现在的墨西哥湾,很多科学家认为这次撞击导致了恐龙的灭绝。这次撞击产生了大量的烟尘和水蒸气,这些有毒的气体占领了大气层,地球上好几个月都不见天日。大部分的物种都在这次撞击后灭绝了,这次撞击留下的陨星坑仍然存在,但它早已被沉积物所填平,只有通过特殊的勘测仪器才能寻找到。

陨星坑
流星与地球猛烈碰撞后汽化,爆炸之后便留下这种神秘的陨星坑。

地下水和溶洞

如果某个地方的基岩是可溶性矿物质构成的,那么比起在地表流动,雨水更容易渗透地面、形成地下河。

白垩石和石灰石可溶于水、易于渗透,这使得水在渗透岩层的在研究地表的地质活动时，我们很容易忽略地下进行的地质活动。其实我们的脚下并非完全是致密的岩层，相反，由于地下水的侵蚀，地下的岩层内部有很多的地下水渠和溶洞。

过程中，将沿途的岩石侵蚀掉。最终，水在岩层内侵蚀出错综复杂的通道和溶洞。这些地下水再往深处流，会碰到不溶于水的岩层，这时水有可能会冒出地表，形成泉。在有些地方，水的侵蚀作用非常严重，因而形成岩溶地貌，其典型特征即溶洞顶坍塌导致上部岩层下陷而形成的落水洞。

洞穴内部呈现出奇特的自然景观。由于洞穴顶部岩石的碎

知 识 窗

有时地下水被夹在两个不溶于水的岩层之间。这些水一直受到压力，如果有钻通上部岩层的孔道，这些水就会顺着孔道往上涌，形成自流井。因岩层压力的作用，这些水能够自动地喷上地表。

石灰岩表面（跨页图）
水会渗入石灰岩的表面，不断地将岩石间的缝隙侵蚀得越来越宽、越来越深，使得石灰岩表面变成图中的样子。

落,洞穴顶通常为很大的拱形,而洞底则是很多的碎石。从洞顶渗下来的水滴中溶解的岩石的浓度不断累积。这些水滴在下落时,水中一部分已溶解的岩石会汇集起来。成千上万年后,这里就形成了一个个冰凌状的结构,挂在溶洞顶部的叫做石钟乳,立在底部的叫做石笋。构成石钟乳和石笋的成分叫做石灰华。

岩溶地貌

落水洞

壶穴

石钟乳

石笋

地下湖

地下河

溶洞系统(上图)

在表层的石灰岩之下,通常是错综复杂的地下溶洞系统。

生命的诞生

地球上很多地质现象的形成都有早期生命的参与。

地球上很多地质现象的产生都与生命的参与有关。比如白垩石和石灰石，它们在地球上广泛分布，正是古代的生物遗体沉积下来而形成的。与此类似，环礁是由古代的珊瑚礁构成的。原油和煤炭也是由古代的动植物遗体转化而来的。目前还不清楚地球上的生命究竟是如何产生的，科学家还无法在实验

单细胞海藻化石
这种单细胞的生命形式出现在大约10亿年之前。

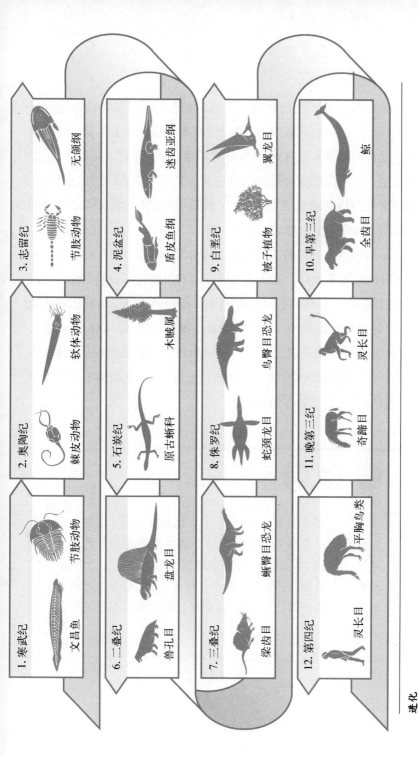

进化

从地球上最原始的生命开始，进化过程就开始了，而且生物演化还会一直继续下去。

1. 寒武纪　　文昌鱼　节肢动物
2. 奥陶纪　　棘皮动物　软体动物
3. 志留纪　　节肢动物　无颌纲
4. 泥盆纪　　盾皮鱼纲　迷齿亚纲
5. 石炭纪　　原古蜥科　木贼属
6. 二叠纪　　兽齿目　盘龙目
7. 三叠纪　　梁齿目　蜥臀目恐龙
8. 侏罗纪　　蛇颈龙目　鸟臀目恐龙
9. 白垩纪　　被子植物　翼龙目
10. 早第三纪　全齿目　鲸
11. 晚第三纪　奇蹄目　灵长目
12. 第四纪　　平胸鸟类　灵长目

室里模拟出生命产生的过程。不过,通过模拟43亿年前的地球环境,科学家成功地得到了构成生命的基本物质。这个实验是将电流通过混合的气体和水来模拟当时的环境,结果得到了氨基酸,这是构成生命所必需的蛋白质的基本物质。科学家推测,在地球上发生过较大范围内的随机反应,经历了漫长的时间后,蛋白质最终形成了像细菌这样的生命形式。

　　早期地球大气中的二氧化碳浓度非常高,如今的生物根本无法在那样的环境下生存。改变这种环境的有可能是一种叫做光合蓝细菌的蓝绿藻,它们体内的叶绿素利用太阳能将水和二氧化碳转化成养分,并且释放出氧气。当大气中有了足够的氧气可以用来呼吸之后,高级的生命形式就出现了。最早出现的是真核单细胞生物,它们是一种具有细胞核的单细胞动物。之后,真核单细胞生物慢慢演化,植物、真菌和动物开始出现。

知 识 窗

　　我们对古代生物的大部分认识来自化石,这些化石在沉积岩中保存了下来。有很多的古代生物如今已经灭绝了,但物种有着从低级往高级进化的趋势。从无脊椎动物到脊椎动物,再从脊椎动物到人类,这是自然选择的结果。只要地球上有生命的存在,演化就会不断地进行下去。

年前

| 700 | 600 | 500 | 400 | 300 | 200 | 100 |

0 甲壳类

510 鱼类

400 陆生植物

370 昆虫

350 种子植物

350 两栖类

205 恐龙

190 哺乳类

150 鸟类

140 被子植物

4 人类

进化图

各种生物在地球上出现的时间是不一样的,有些生物已经在地球上生活了几百万年,人类则是最近才出现的。